ULTIMATE PIXEL CREW

™

Title: 像素藝術背景畫法完全解析

ULTIMATE PIXEL CREW REPORT

ULTIMATE PIXEL CREW

ULTIMATE PIXEL CREW REPORT

NAME: APO＋
アポ＋

將獨特的世界觀融入往年的賽博龐克風格，擅長使用高解析度的像素藝術來呈現畫面中的故事。在學生時代進入IAMAS學習資訊科學與設計藝術的相關知識，由於自身的研究領域，對像素藝術情有獨鍾。畢業後進入設計公司就職，主要進行影像的創作，同時也會創作像素藝術，現在發表的作品則以廣告和MV為主。

ULTIMATE PIXEL CREW REPORT

NAME: MOTOCROSS SAITO
モトクロス齋藤

以呈現物品細節、日常空氣感的作品為主的像素藝術家。自幼便熱愛嘻哈音樂，並以其文化為基礎，描寫普遍的景色以及平常不被關注的事物。大學時代專攻廣告與平面設計，對構圖、透視、視覺效果等知識有著高深的造詣。此後認識了像素藝術，投身這項創作。為廣告與MV等領域提供插畫或影像作品。

ULTIMATE PIXEL CREW REPORT

NAME: SETAMO
せたも

主要擅長描繪植物與建築物的像素藝術家。創作時常以寧靜的景色與感受得到光線的畫面為主題。從遊戲美術到前衛的像素藝術，擁有多方位的技術。在中學時代透過遊戲製作軟體接觸點陣圖，從大學在學期間開始創作像素藝術的插畫作品。大學畢業後以個人名義投入插畫與影像業界，同時經手遊戲製作、角色設計等工作。

CONTENTS: 基礎篇　　應用篇

ULTIMATE PIXEL CREW REPORT

CONTENTS | 目　次

應用篇 PAGE:104-PAGE:185

畫作

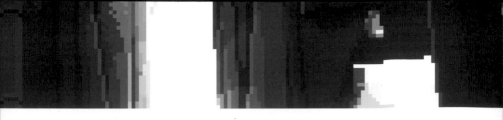

基礎篇

ULTIMATE PIXEL CREW

Title: 像素藝術背景畫法完全解析

ULTIMATE PIXEL CREW REPORT

ULTIMATE PIXEL CREW REPORT

CHAPTER. 1

Title: 何謂點陣圖

WHAT IS PIXELART

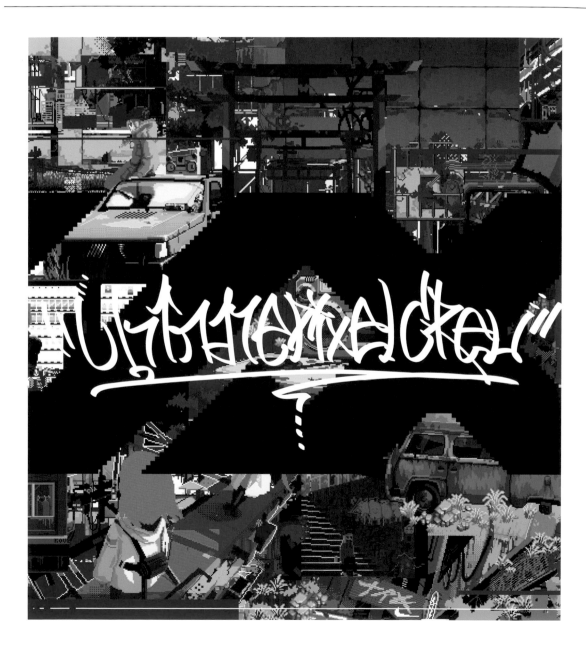

點陣圖的歷史與起源

1970年代，遊戲機開始進入一般家庭。對親身經歷過那個年代的人來說，這份感動應該在心中占有很大的分量。可是當時的技術並不像現在，無法顯示栩栩如生的美麗影像。過去的電腦性能不如現代，能夠顯示的解析度有限，可使用的色彩數量也不多。在這層限制下想辦法呈現目標中的畫面，就是名為點陣圖的表現技法之所以誕生的原因。當時甚至不會用「點陣圖」這種特殊的詞彙來區分，因為它就是電腦繪圖唯一的表現方式。

經過了數年，由於技術的進步，家用遊戲機已經可以顯示更加精美的影像。許多遊戲製作公司相繼成立，各自發展出更漂亮也更具獨創性的美術風格；身為遊戲美術之一，點陣圖的技術與文化也持續成長至今。

現在，電腦的性能有了飛躍性的提升，呈現出來的美麗且寫實的影像，已經達到過去完全無法比擬的地步。但即使到了現代，點陣圖依然沒有銷聲匿跡。

現在是人人都可以進行創作的時代。遊戲也不例外，個人或極少的人數組成的團隊便能製作遊戲；因為個人也能獨立創作點陣圖，所以其中不乏採用點陣圖作為美術風格的遊戲作品。現代特有的這種環境也促進了點陣圖的存續與多樣性。

而且不只是遊戲的美術，點陣圖在插畫與藝術領域的基礎也正在逐漸擴大。受到限制的圖畫中富有美感，身為懷舊中帶著創新的特殊表現方式，點陣圖彷彿有了新的生命。

過去的點陣圖是因為不得已才使用有限的解析度與色彩數，但在解除了技術限制的現代，描繪點陣圖是刻意設限的行為，所以每位創作者都會自行決定其限制。現在世界上存在各式各樣的點陣圖，相較於過去，已經產生了無限的多樣性。有些作品承襲了老舊的風格，有些則採用了現代才辦得到的新技術，可見點陣圖還蘊藏著前所未見的可能性。今後我們應該也會創造出點陣圖的嶄新型態，並見證它的進化吧。但願各位都能廣泛地接納多樣的風格，並找出屬於自己的點陣圖。

UPC創作的點陣圖

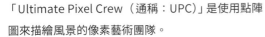

「Ultimate Pixel Crew（通稱：UPC）」是使用點陣圖來描繪風景的像素藝術團隊。

我們描繪點陣圖的方式與過去既存的點陣圖有些不同。基礎的表現方式當然承襲了過去的點陣圖，但還會再加上現代特有的效果與處理。根據情況，我們也會採用向量繪圖軟體、3D繪圖軟體、影片編輯軟體等工具。解析度也設定得偏高，結合了點陣圖特有的簡化手法與寫實風格。描繪光影交織而成的空氣感與情境就是我們的主題。

本書介紹的方法與技術是基於我們創作時採用的思考方式所撰寫而成。雖然並不是讀過本書就能立刻學會描繪風景點陣圖，但至少會具備必要的知識。接下來只要熟悉這些知識，學會在最適當的地方使用最適當的方法，就能自由描繪任何風景了。這裡介紹的大部分知識不只能套用到點陣圖上，也跟普通的繪圖是共通的。即使是不畫點陣圖的創作者，也能從書中找到有用的資訊。

請跟我們一起分享描繪世界的喜悅吧。

圖1-1 MOTOCROSS SAITO的作品

圖1-2 APO＋的作品

圖1-3 SETAMO的作品

TRANING DRILL

ULTIMATE PIXEL CREW REPORT

CHAPTER. 2

Title:

點陣圖的畫法

HOW TO PAINT PIXELART

Introduction:

點陣圖乍看之下好像是很難懂的繪畫技法，但因為解析度比一般的數位插畫低，必須描繪的面積較少，所以只要理解基礎的畫法與邏輯，其實對初學者來說是相對容易的表現方式。請學習以下說明的點陣圖原理與畫法，試著踏進點陣圖的世界吧。

基礎

畫法與邏輯

點陣圖起源於老舊數位機器（遊戲機等等）的運算極限，是從效能的限制中誕生的表現技法。現在已經沒有這樣的限制，數位藝術擁有著無限的表現自由，卻仍然刻意在限制解析度與色彩數的狀況下創作的作品，就是現在的點陣圖。創作點陣圖的時候，要設下什麼程度的限制都取決於個人的判斷和感覺。限制的不同和著眼之處會影響到描繪方式與技法。找出適合自己的技法也是現代點陣圖的醍醐味，所以請將本書介紹的方法當作其中一種參考，融入自身的創作，找出適合自己的繪畫方式。

點陣圖之所以為點陣圖，主要有兩種基本要素，那就是「有限的解析度」與「有限的色彩數」。只要或多或少結合這兩種要素，作品看起來就會像是點陣圖。請用適合自己的解析度與色彩數來描繪作品

吧。

描繪點陣圖時使用的工具主要有點陣圖專用的軟體，以及點陣格式的繪圖軟體。點陣圖專用的軟體有「EDGE2」、「Aseprite」等等。點陣格式的繪圖軟體有「Adobe Photoshop」、「CLIP STUDIO PAINT」等等。使用點陣圖專用軟體的優點在於能透過色盤來達到準確的色彩數限制，也有專門的鋪磚模式可以使用。點陣格式的繪圖軟體雖然在色彩管理和工具的設定上比較困難，但可以在更加自由的環境下創作。本書主要使用後者，也就是點陣格式的繪圖軟體，但點陣圖專用軟體基本上也能畫出同樣的效果。各位可以自行選擇適合自己的工具。

那麼，現在就來實際試試看點陣圖的畫法吧。使用

點陣圖專用軟體時不需要特別的設定,但使用點陣格式的繪圖軟體時,必須使用沒有抗鋸齒[*1]功能的工具。這種工具的名稱大多是「筆型工具」、「鉛筆工具」等等。使用「Photoshop」時可參考「繪製過程 APO＋」的「Photoshop 的設定」(PAGE:109);使用「CLIP STUDIO PAINT」時可參考「繪製過程 SETAMO」的「CLIP STUDIO PAINT 之設定」(PAGE:164);這些章節中記載了詳細的設定。

*1 抗鋸齒…在像素的鋸齒處配置中間色,使邊緣變得平滑的技術。在點陣圖中,它是一種在像素之間配置中間色,使色彩相融的技術。詳細內容請參照「抗鋸齒」(PAGE:027)的項目。

練習1 │ 蘋果的畫法

1 首先設定好版面的尺寸。

　　這次要建立的是32×32pixel的版面。

　　這代表畫面上排列著長32格、寬32格的正方形(像素)。

圖2-1 建立版面

2 試著畫出一顆蘋果。

　　選擇紅色,用1像素的筆來勾勒形狀。

　　然後加上蒂頭與葉子。這次畫成左右對稱的形狀。

圖2-2 勾勒形狀

③ 在蘋果的左下緣加上比底色稍暗一點的顏色，這就是陰影。
　葉子也一樣，畫上比底色稍暗一點的陰影。

圖2-3 加上陰影

④ 替蘋果和葉子畫上亮面。亮面使用的是比底色更亮的顏色，可
　以畫在與陰影相反的位置。

圖2-4 加上亮面

⑤ 這樣的亮面和陰影看起來太過銳利，所以要在底色與亮面之間
　加上中間色，使亮面更自然。陰影的部分也一樣，在底色與陰
　影之間加上中間色，使陰影更自然。

圖2-5 加上中間色

⑥ 用深色來描繪蘋果的輪廓。相鄰處使用同色系的深色來描繪會
　更自然，所以紅色周圍使用深紅色，綠色周圍使用深綠色。

圖2-6 加上輪廓線

需要注意的是，邊角不宜重疊。描繪邊緣的時候，重疊的邊角會給人粗糙的印象。

這種技巧可以讓小巧的點陣圖更有點陣圖的味道。但也有些情況不適用，所以請依個人喜好來判斷吧。

圖2-7 邊角的比較

這樣就完成了。這次畫的是蘋果，但這個方法也可以畫出各式各樣的東西。

基本的四個步驟是「勾勒形狀」→「描繪陰影」→「描繪亮面」→「調整」。這些步驟並非絕對，但在描繪大尺寸的作品，或是各種景物互相搭配的風景畫時，幾乎都可以靠著重複同樣的步驟來完成。這種畫法是一切的基礎，所以請確實學起來。

POINT

以這幅畫（圖2-8）為例，雖然每個物件都多少有陰影的干涉，但依然是以「形狀」、「陰影」、「亮面」這些單純的要素組成的。其中還包含了透視與反射光等影響，但基本的構成要素並不多。一切都是以這些基礎為出發點。

另外，輪廓線的使用會依不同的情況而異。如果有複雜的物件互相交疊，使角色或主要物件被埋沒到背景之中，就有可能使用到輪廓線，但不使用也能畫出完整的作品。請依自己的喜好來判斷吧。

圖2-8 畫面中包含複數物件的範例

練習2 ｜ 鉛筆的畫法

1 畫鉛筆的時候要注意，筆桿的部分是六角形，所以每個面的方向會有明確的差異。與先前的練習1相同，建立32×32pixel的版面，然後勾勒出形狀。這個時候可以先進行大致的配色。

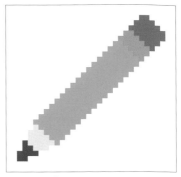

圖2-9 勾勒形狀

2 使用比底色稍暗一點的顏色，在不受光的下半部描繪陰影。

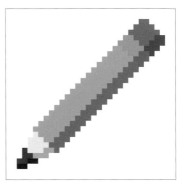

圖2-10 加上陰影

3 使用比底色稍亮一點的顏色，在受光的上半部描繪亮面。亮面的顏色畫在與陰影相反的位置。

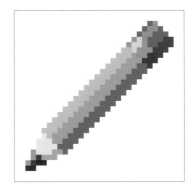

圖2-11 加上亮面

4 在亮面與陰影之間加上中間色，使色調更自然。因為鉛筆的面有明顯的區隔，所以這次刻意不在筆桿部分的陰影處加上中間色，使面的方向更加清晰。

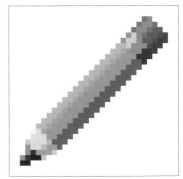

圖2-12 加上中間色

5 畫上輪廓線就完成了。

圖2-13 加上輪廓線

練習3 | 房子的畫法

1 建立32×32pixel的版面，勾勒出房子的形狀。如果形狀有些複雜，在配色的時候先畫上陰影就能更清楚地區分面與面的關係。

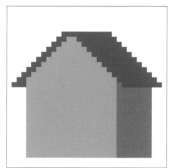

圖2 14 勾勒形狀

2 簡單畫上門、窗戶、梁柱等房屋細節。

圖2-15 加上細節

3 使用比底色更暗的顏色來畫陰影，並以更亮的顏色來畫受光的部分。

因為房子的屋頂是向外突出的形狀，所以屋頂和牆壁的交界處會產生陰影。另外，由於屋梁也帶有厚度，所以屋梁與牆壁的交界處也會產生陰影。

圖2-16 加上陰影與亮面

4 畫上輪廓線就完成了。

圖2-17 加上輪廓線

練習4 ｜ 雨傘的畫法

1 建立32×32pixel的版面，勾勒出雨傘的形狀。

圖2-18 勾勒形狀

2 使用比底色更暗的顏色來畫陰影。因為雨傘的面較多，所以使用2
個階調的陰影來描繪。

圖2-19 加上不同階調的陰影

3 使用比底色更亮的顏色來描繪受光面。與陰影相同，使用不同階
調的顏色來表現不同的面。

圖2-20 加上不同階調的亮面

4 畫上輪廓線就完成了。

圖2-21 加上輪廓線

漸近化

接下來試著練習點陣圖所需的技巧──漸近化吧。
「漸近」指的是漸漸接近的意思。
由於點陣圖的解析度有限,所以表現物體的特徵是
很重要的。每一個像素原本都是正方形,因此難以

重現圓形的東西、細小的東西與文字等物件。慢慢
將物件畫得更接近實物的特徵,這樣的步驟就是所
謂的漸近化。

練習5 │ 骰子的畫法

1 一開始與先前相同,建立32×32pixel的版面。

圖2-22 建立版面

2 勾勒出骰子的形狀。這次畫成稍微有點深度的形狀。

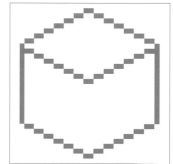
圖2-23 勾勒形狀

3 因為骰子是白色的，所以要將背景改成淡灰色。

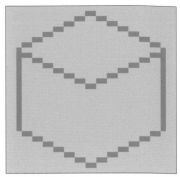
圖2-24 更改背景

4 然後，將上面、前面、側面分別畫成明度稍微不同的顏色。

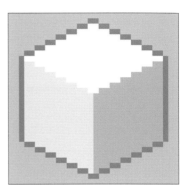
圖2-25 區分顏色

5 將左側的面畫成骰子的「4」。雖然必須畫出四個圓形的黑點，但點陣圖是正方形的集合體，所以無法畫出準確的圓形。解析度高的情況下雖然能輕鬆畫出接近圓形的形狀，但如果是像這次一樣的低解析度，可以按照圖2-26的畫法，先用正方形描繪，然後再用中間色（這次使用灰色）來填補空缺，這樣就能表現類似圓形的形狀了。

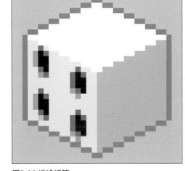
圖2-26 描繪細節

6 同樣在上方的面描繪「1」，在右側的面描繪「2」。因為這些面都是傾斜的，所以要將本來的圓形畫成較寬或較長的橢圓形。使用紅色或其他顏色的時候也一樣要使用與周圍色彩相近的中間色，使形狀更接近實物。

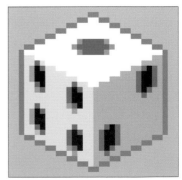
圖2-27 描繪細節

7 強調輪廓線,並在地面上描繪陰影以呈現立體感,這樣就完成了。

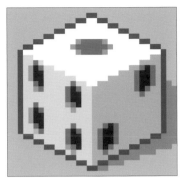

圖2-28 完成

  POINT

這次主要是使用抗鋸齒的技巧來進行漸近化,但如果過度使用抗鋸齒,就會使整幅畫顯得模糊不清,所以必須特別注意。除此之外還能透過色彩或形狀等方式來凸顯物件的特徵,使外觀更接近目標中的型態。

描繪點陣圖的時候,幾乎都無法將對象的所有細節完整地畫出來。因此,觀察想描繪的對象,並從中擷取其特徵是非常重要的。這次描繪的對象是骰子,所以必須畫出骰子主要的特徵,也就是「立方體」、「白色」、「黑色與紅色的點」。如果要描繪的是自動販賣機,就必須明確畫出「長方形」、「透明的商品櫥窗和出貨口」、「硬幣投入口」、「側面的商標」等自動販賣機主要的特徵。掌握物品的特徵,捨棄不必要的情報,保留必要的情報,漸漸畫出想描繪的東西,這樣的過程就是點陣圖的醍醐味。

圖2-29 自動販賣機的畫

各種點陣圖

雖然都統稱為點陣圖，但其中也包含了各種類型。以下將介紹它們的外觀與特徵。

■ 側視圖、俯視圖

常見的點陣圖類型有「側視圖」及「俯視圖」。
這主要是起源於橫向捲軸遊戲與舊式RPG遊戲的表現方式。因為只需要畫出單一方向所見的圖像，所以可說是最容易入門的畫法之一。側視圖是從側面觀看的樣子，俯視圖是從正上方觀看的樣子。這種畫法大多不需要考量複雜的光線，所以能專心描繪對象本身。它也是最能活用點陣圖的精髓——漸近化的一種畫法。

圖2-30 側視圖的點陣圖範例

■ 等角視圖

「等角視圖」是從斜上方的視點進行描繪的點陣圖。
與側視圖不同，它能夠表現立體的造型，大多用來描繪迷你模型般的小巧場景。雖然它具有立體感，但並不會用遠近感來呈現深度，所以也是相對比較容易的畫法。

圖2-31 等角視圖的點陣圖範例

■ 透視圖

「透視圖」就像透過相機鏡頭拍攝出來的畫面，是具有立體感的點陣圖。
因為有透視所營造的深度，因此很難維持光線和每個物件的整體感，也需要各式各樣的知識，所以可說是難度相對較高的畫法。它的表現幅度很大，一方面容易描繪自己想畫的題材，但另一方面又不容易活用漸近化，所以較難兼顧點陣圖的平衡。Ultimate Pixel Crew主要的點陣圖作品大多是採用這種視點。

圖2-32 透視圖的點陣圖範例

鋪磚模式

點陣圖有時必須用極少的色彩來表現質感或漸層等特性。這個時候將畫面上的像素排列成棋盤圖案，以混色的方式來表現中間色或漸層的技法便稱為「鋪磚模式」或「蓋網」等等。使用鋪磚模式就可以用最少的兩色來表現漸層，比較能凸顯點陣圖的味道，但同時也有缺點。如果是解析度太低的作品，效果會打折；又因為使用了棋盤圖案，容易使畫面變得雜亂無章。描繪解析度高的作品時，每一個像素都很小，這種情況就很適合用鋪磚模式來表現漸層。

除了漸層以外，鋪磚模式也可以用來表現質感。描繪粗糙的質感或布料等陰影比較柔和的物品，就會用到這種技法。

在限制色彩數的情況下，有時候也會單純為了創造中間色而使用鋪磚模式。若要嚴格遵守色彩數的限制，只能用鋪磚模式來呈現想要的顏色，那麼這種方法就十分有效。但如果沒有特別限制色彩數，比起特地以鋪磚模式來混色，使用中間色更能畫出俐落且完整的效果。

■ 使用鋪磚模式來表現漸層

為了用鋪磚模式呈現滑順的漸層，必須從棋盤圖案漸漸改變排列方式。藉著漸漸改變排列方式，遠看就會形成類似漸層的效果。下圖是排列方式的範例（圖2-33）。

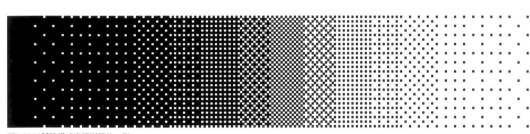

圖2-33 以鋪磚模式表現漸層的一例

■ 使用鋪磚模式來表現質感

點陣圖基本上不會使用任何工具來暈開原本的顏
色。因此，點陣圖的特徵之一就是邊緣比其他繪畫
還要來得銳利。可是描繪布料等柔軟的物體時，也
有必要表現柔和的陰影。這種時候特別有效的方法
就是鋪磚模式了。鋪磚模式同樣也能用在水泥或石
塊等粗糙的材質上。

以圖2-34為例，鐵製扶手的部分是光滑的質感，所
以並沒有用到鋪磚模式，但椅子等部分的布料質感
就使用了鋪磚模式。

圖2-34以鋪磚模式表現質感的範例

TIPS

鋪磚模式經常用來表現顏色的轉變。從圖2-35就看得出來，天空、樹木和建築物的陰影部分都有使用
鋪磚模式來描繪顏色的轉變。這裡介紹的排列方式就是其中一例。排列方式本身並沒有既定規範，任
何人都可以自行創作，只要掌握「規律的反覆」這個重點即可。

圖2-35以鋪磚模式表現漸層的範例

抗鋸齒

所謂的抗鋸齒,就是在色彩的交界處配置中間色,使輪廓與界線變得滑順的技術。基本上解析度愈低,「1像素」負擔的資訊量就愈大,表現的難度也愈高。大多數普通的插畫最低也要在1000px以上的版面尺寸中繪製,但點陣圖幾乎都是在更低的解析度下繪製,所以有時會遇到精細得無法完整表現的案例。在這種情況下就會用到抗鋸齒的技巧。例如人的手指和遠方的文字,使用抗鋸齒就能畫出更寫實的效果,也能使僵硬的邊緣變得更柔和。圖2-36左上角的招牌文字就有使用到抗鋸齒的技法。

要將這種表現方式用到什麼程度是因人而異。雖然它能創造滑順且柔和的效果,但另一方面也具有讓邊緣變得不明顯而有些模糊的缺點。因此有些創作者完全不會使用這種方法。

圖2-36 運用抗鋸齒的範例

角色

描繪一幅畫時，「角色」具有很強大的力量。他們經常成為一個畫面的中心，也有可能成為觀看者進行自我投射的目標。如果一幅畫中有角色出現，幾乎所有人的目光都會先集中到角色身上。因此，描繪角色的時候必須特別注意。如果畫的是人類，那就更應該慎重看待了。由於人類的肢體很複雜，又具備特定的外型，所以如果比例不對或簡化不當，就會使一幅畫的魅力減半。因此，描繪人物的時候，有時候也需要不同於周圍景物的技巧。

寫實

人類的外型有一套基本原則。如果手腳長度、軀幹長度、頭部大小等部位沒有互相配合，看起來就會不成比例。要維持正確的比例就需要一定的知識與練習，但只要學會畫人體，就可獲得能應用在任何繪畫上的萬能武器。

基本上，想習得這項技巧只能不斷地練習，而這裡會解說人體的基本構造與簡單易懂的邏輯。描繪人物時，雖然眼前就有「自己的身體」這個精巧的範本，好像「只要照著畫就行」，但實際上並沒有這麼單純，吸收知識也是很重要的。沒有基本認知便很難把人體畫成點陣圖，所以請以習得的知識作為養分，開始練習吧。描繪人體的時候，首先記住每個部位的比例會非常方便。

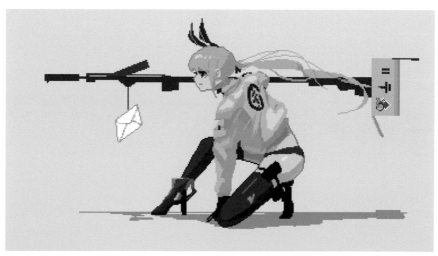

圖2-37 寫實風格的頭身比例

身體與頭的標準比例大概是6～7頭身。這表示從頭頂到腳底的長度與6～7個頭相當。以這個比例為標準，只要調整頭身就可以畫出少年與少女，或是精靈等非人的種族。

整條腿的長度大概占據身體的一半，胯下位在身體的正中央。大腿的股骨是人類骨骼中最大的骨頭。自己試著把腳抱起來就會發現，膝蓋可以碰到下巴。

腳掌是支撐體重的部位,所以面積比想像中還要大。因為腳掌離自己的眼睛很遠,所以一般人容易以為腳掌不大,但腳掌(腳跟到腳尖)的尺寸其實跟手肘到手腕附近的長度差不多。這些都是容易搞錯長度的部位,請注意。

肩膀寬度大約是頭的兩倍,軀幹的長度大約是胯下到腳底的一半。軀幹還可以分為胸部與腹部,比例幾乎是1:1,但胸部稍微大一點。肩膀較寬會給人男性化的印象,肩膀較窄則給人女性化的印象。脖子的寬度大約比臉稍窄一點,此外,脖子較粗會給人男性化的印象,脖子較細則給人女性化的印象。

手臂的長度可以從手肘的位置來判斷。自己試著將手臂與身體併攏就會發現,手肘會碰到側腹部。從這裡延伸約兩倍的距離就是手掌的位置。手掌也是比想像中更大的部位,手掌張開時幾乎可以蓋住整張臉。

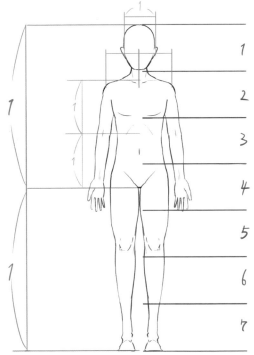
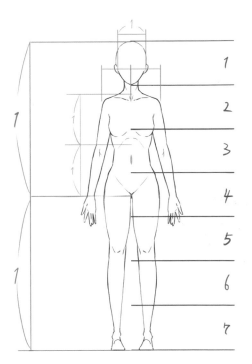

圖2-38 人體比例

POINT

除此之外,如果能了解關節的可動範圍與方向,甚至包含肌肉的相關知識,就能畫出更加真實的人體,但要整合這些複雜的知識會使畫圖變得十分困難。首先,這次就從身體比例與大小開始學起吧。

簡化

簡化是經常用來凸顯角色魅力的方式。所謂的簡化，就是將角色的某些要素簡略化，強調其特徵的手法。畫點陣圖時不只是角色，大多數情況下簡化手法都相當重要，而在於描繪角色的時候，更是特別重要的技術。動畫等作品的角色也經常使用到簡化的手法。

簡化有強弱之分，在圖2-39中，由右至左是簡化程度漸漸增強的例子。簡化的程度愈強，需要描繪的要素就愈少，但也必須注意整體的平衡，所以不一定會變得更容易描繪。

簡化其實也算是這個章節一開始提到的漸近化技術——「如何以極少的要素漸漸接近想畫的型態」。

正如先前介紹過的，重點在於擷取描繪對象的特徵，而且還有一件事也很重要。那就是隨時想像自己要簡化的東西原本是什麼模樣，並理解目前描繪的地方原先是什麼樣的構造。

圖2-39 簡化的強弱

舉例來說，圖2-40的左圖是用點陣圖簡化過的眼睛。實際的眼睛如右圖的照片。眼睛由許多要素組成，例如眼頭的細部構造、眼尾的曲線、雙眼皮、眼瞳、眼瞳的光點、睫毛、眉毛、臥蠶等，但要實際用低解析度的點陣圖來表現所有特徵是很困難的，所以必須選擇其中幾種要素來描繪。這個時候，請隨時想像自己目前描繪的地方在簡化前是什麼樣的構造。

因為眼頭到眼尾的線條上方有雙眼皮的線，所以會比眼睛下方的線條更明顯。眼瞳原本是球狀，所以左右的陰影形狀不同。眼睛下方有臥蠶，所以明度會因光線的角度而改變，光點則可以呈現眼瞳原有的透明感。像這樣隨時想像簡化前的構造，就能更清楚地了解該強調什麼地方、將什麼地方簡略化。

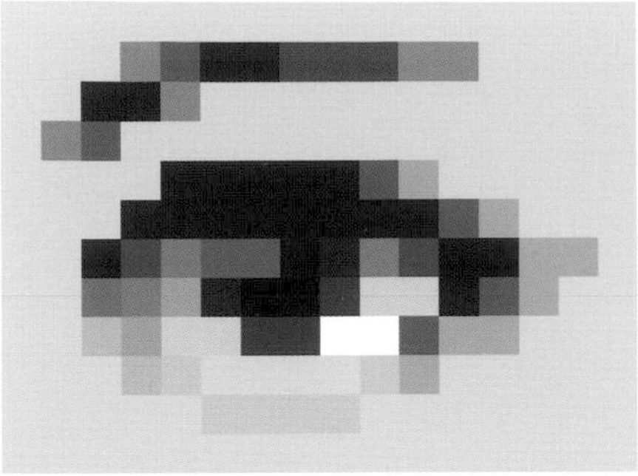

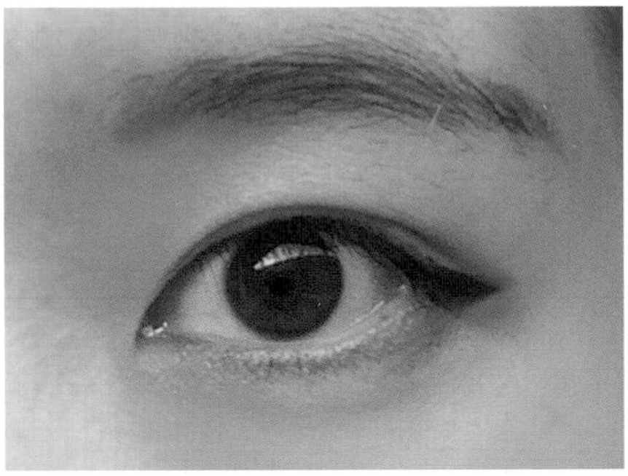

圖2-40 真實的眼睛與點陣圖的比較

POINT

簡化的技術比起練習，培養正確的思考方式更為重要。這裡之所以沒有介紹詳細的簡化步驟，正是因為如此。再怎麼模仿簡化過的圖畫，除非理解其中的原理，否則也無法應用在其他的作品上。不過只要記住這裡所介紹的思考方式，就能學會如何簡化各式各樣的東西，甚至能連帶提升點陣圖的繪畫技術。

CHAPTER: 1 2 3 4 5 6 7 8 9

ULTIMATE PIXEL CREW

READING THINK HARD

ULTIMATE PIXEL CREW REPORT

CHAPTER. 3

Title: 主題、概念、故事

THEME / CONSEPT / STORY

Introduction:

創作一幅畫時必須先思考要畫些什麼，最初的出發點就是決定主題與概念。開始繪畫之前，請先決定這幅畫的主軸，也就是作品的設計圖、地圖或是類似終點的東西。事先確立想畫的東西與想表達的概念，就能心無旁騖地不斷畫下去，也能保持一定的熱情，並提升作品本身的說服力。

構思主題與概念

開始創作時，首先請明確地訂出作品想表現的主題。思考想畫的東西，或是把想法轉換成文字或速寫，都是不錯的方法。

這麼做可以讓自己對這幅畫的想法更加明確。有了明確的想法，作品的主題也就會自然浮現。反覆推敲主題，使其變得更加淺顯易懂之後，概念就會隨之誕生。

「如何表現什麼」的「什麼」代表主題，「如何」則代表概念。有時候也可以從概念聯想到主題。請確實讓主題與概念互相琢磨吧。

這個時候決定的主題與概念會大大影響到接下來進行的構圖、色彩或動畫的製作方式等。如果在曖昧不明的情況下進入下一個步驟，就會在色彩與構圖上猶豫不決，請特別注意。

在思考主題與概念並定案之後，接下來請針對繪畫的世界進行聯想。

想像這幅畫是什麼樣的世界？畫面中有誰？有什麼東西？慢慢在腦中建構出繪畫的世界。然後基於主題與概念，對其中的設定進行取捨，組成具有故事性的一幅畫。有了故事，這幅畫對觀看者的說服力就會大幅提升，也能讓自己更清楚該畫些什麼。

建構主題、概念與故事的順序沒有固定的規矩，可以從自己重視的項目開始進行。其實不一定要局限於此，也可以從自己想描繪的題材或情境等細部要素來建構主題、概念與故事。

【範例】便利商店

聽說某家便利商店即將被收購而關門大吉的新聞,於是想表達這份「寂寥」的氛圍以及夜晚的便利商店作為
「普遍的休息站」的文化。

主題:夜晚的便利商店　　　概念:「普遍」與「寂寥」
故事:想要一個人靜一靜,於是隨意走向便利商店抽了根菸,對城市的寧靜感到安心的故事

圖3-1 便利商店的畫

靈感來源

想決定主題、概念與故事,就必須使用自己腦中既
有的資訊。請事先在自己的腦中儲存靈感,免得在
一開始的階段就碰到瓶頸。生活中處處都是靈感。
但如果沒有確實把它們視為靈感,那就跟路邊的石
頭沒兩樣。請記得自己覺得什麼東西很有趣、看到
什麼時有什麼感覺,把這些點子保留在記憶裡。
另外,尋找除了繪畫之外的喜好,或是挑戰新的興
趣,也是不錯的選擇。這麼做可以讓自己搜尋靈感
的能力變得更加敏銳。以UPC的成員為例,為了攝
影到訪的場所、音樂、電影和遊戲等事物就是我們

的靈感來源。除此之外還有上網、閱讀、參觀美術
館或動物園等,每個人吸收新知的方式都不同。只
要培養充滿好奇心的視野,近在身邊的各種事物都
可以帶來刺激,而這些刺激就會成為下一個靈感誕
生的起點。

靈感浮現時的驚喜與感情若沒有實際保存下來，很容易就會遺忘。有靈感的時候就留下筆記或速寫，為記憶貼上便條紙吧。另外，建議大家把靈感當作生鮮食品來看待。與其說是靈感本身會腐壞，不如說是自己的經驗會隨時更新，所以有些靈感會隨著時間經過而變得不值一提。

雖然某些靈感會愈陳愈香，但為了保持熱情，有時候也需要打鐵趁熱。所以一旦有靈感就立刻採取行動也是很重要的。

吸收的資訊不足時，在素描簿上進行大量的速寫也是一種方法。盡情畫出大量的塗鴉，就有可能串連零碎的靈感，產生新的繪畫主題。

除此之外還有各式各樣的靈感來源，而它們共通的重點就是「觀察事物以獲得靈感」。

圖3-2 三位成員的速寫

尋找靈感的訣竅

有時候不管怎麼想都找不到靈感。這種時候可以暫時放下尋找靈感的念頭，試著做些別的事。作為參考，以下將舉例說明 UPC 的成員沒有靈感時是如何應對的。

・上網
・散步
・幻想
・做些別的東西
・玩遊戲
・聽音樂 etc⋯

雖然每個人的答案都沒有特定的共通點，但基本的邏輯就跟前面提到的吸收新知是同樣的過程。沒有靈感的狀況源自於新知的匱乏，所以暫時擱筆、接觸其他的新鮮事物才是根本的解決之道。因此，積極地吸收新知是很重要的習慣。另外，如果在尋找靈感時碰到瓶頸，透過休息來提振精神也是必要的。在沒有靈感的情況下摸索總有極限，暫時重置僵化的觀點，重新面對創作，有時候反而能向前邁進。

CHAPTER. 3

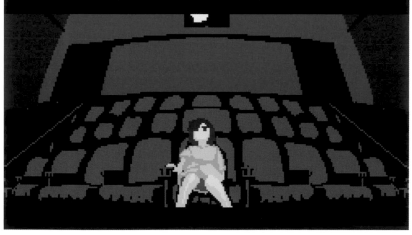

獨創性

基本上，獨創性是會自然而然地散發的特質。即使作者本人覺得自己的作品缺乏獨創性，但從他人的角度來看，其實作品中通常充滿了作者本人的風格。獨創性是由每個人培養起來的特質（經驗、練習與喜好等）漸漸累積而成的。除非刻意模仿他人，否則每個人的作品都是經由自身的揀選而產出的結果，就算不特別營造也會萌生自我風格。

所以如果想得到獨創性，比起在提筆之前想東想西，還不如先動手畫畫看。然後將畫好的幾幅作品擺在一起比較，就會漸漸發覺自己沒有察覺的喜好和傾向。繼續發展這些特質，就會催生出更強的獨創性。

可是，人有時候也會想要盡快取得顯而易見的獨創性。這麼一來，「以後才會漸漸顯現的自我傾向」就會提早定型。簡而言之就是為每一幅作品賦予統一的概念。例如「使整幅畫的色調偏紅」或是「在畫中加入許多具透明感的物體」等等。因為這種方法已經決定了題材，所以也具有容易描繪的優點。

ULTIMATE PIXEL CREW REPORT

CHAPTER.4

Title: 透視

PERSPECTIVE

Introduction:

透視是為了在繪畫中區分近景與遠景而產生的概念。不論是畫風景還是畫角色,任何東西都能套用透視的邏輯,所以請把它學起來。而且運用透視也可以畫出有如實物的立體感,還能作為決定構圖的指標。刻意不使用透視的畫法也是其中一種選項。

遠近法

空氣遠近法

空氣遠近法經常出現在遼闊的風景畫中。這是用不同的顏色來描繪近景與遠景,藉此呈現遠近感的手法。假如畫面中有藍天,可以在遠景處加上藍白色調,減少與天空之間的色差,愈近的景物則用愈深的色調來描繪,這樣便可以呈現空間感。這種表現方式源自於陽光在大氣層中漫射所產生的現象,愈遠的景物隔著愈厚的空氣,所以受到的影響就愈顯著。基本上愈遠的東西,其色調就愈接近泛白的天空。

圖4-1 空氣遠近法的範例

重疊遠近法

重疊遠近法是在複數物品互相重疊的畫中,畫在最外層的東西看起來比較近,被遮住的東西看起來比較遠的手法。搭配接下來所說明的透視法就能呈現更寫實的效果;若採用如圖4-2的構圖,就會變成

十分簡潔的畫面。雖然很單純,但這也是可以應用在各種地方的表現方式。

圖4-2 重疊遠近法的範例

透視法

首先要針對透視法進行簡單的說明。寫得太過詳細就會變得很複雜,所以這次只會解說必須掌握的重點。

一點透視法

以一個消失點與平行線來決定形狀的手法,很適合使用在對稱的構圖上。畫法是在視平線[*1]上取一個消失點,搭配平行線來描繪。

如果要畫出準確的立方體,也可以在同樣的視平線上取兩個與設定的消失點等距的輔助消失點,從這裡拉出輔助線,藉此掌握正方形格線。

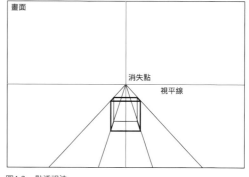

圖4-3 一點透視法

*1 視平線大多是指地平線,但正確來說應該是依觀看者的目光方向而定,且有可能存在消失點的水平線。這裡所說的地平線≒視平線。

二點透視法

在視平線上取兩個消失點,藉此決定形狀的手法。二點透視法就是透視法的基礎。與三點透視法相同,幾乎是畫出立體景物所不可或缺的手法。視角會根據畫面的長邊與消失點的位置而定。消失點在畫面外愈遠的地方則視角愈小,消失點愈接近畫面中心則視角愈大。消失點的位置在畫面的兩端時,視角為90度。

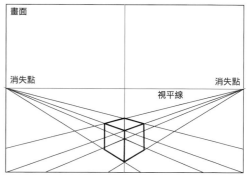

圖4-4 二點透視法

三點透視法

在二點透視法的上方或下方追加一個消失點的手法。描繪高聳的物體或是近處的物體時會用到。因為能進一步強調遠近感,所以很適合戲劇化的構圖。

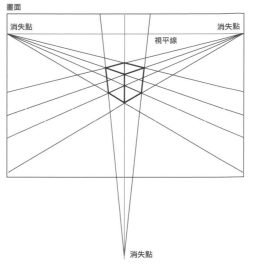

圖4-5 三點透視法

以上三種就是透視法的基礎,理論上只要是大約180度的視角以內,就能使用這些手法來描繪。而且一點透視法與二點透視法在某種意義上是相同的,一點透視法的消失點其實也存在於畫面外的無限遠處。不過,因為距離實在太遠了,所以在畫中從消失點延伸出來的線是平行線。究竟要以一個消失點還是兩個消失點來描繪,會根據描繪對象的角度和位置而定,有時候也可以共存在同一幅畫中。如果像圖4-6一樣,畫面中的多個物體並沒有擺在平行的位置上,則每個物體都會有不同的消失點。另外,若要取得相對位置正確的消失點,就要在畫面上建立一點透視法的格線(圖4-6中的黃線),以此為基礎來找出消失點的位置。這麼一來,就能畫出同樣視角且隨機分配位置的物體。

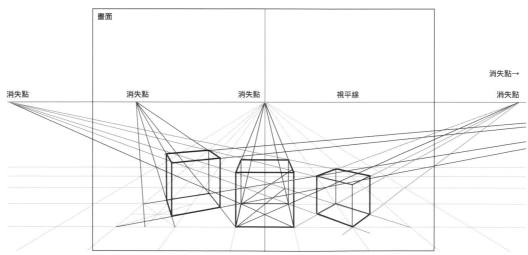

圖4-6 根據不同的物體設定的消失點

深度與視角

理解了基本的透視法，就會發現它其實很簡單。大致來說，只要設定「視平線」與「消失點」，然後根據這些資訊決定形狀就行了。可是真正的困難點並不在這裡。若要追求精確度，「視角」與「深度」的關係則更為複雜，恐怕令人難以理解。如果是用摸索的方式描繪單一物體，或許在某種程度上可行；但如果物體增加到兩個以上，維持相對比例的準確性就變得更加困難了。這種時候，深度與視角便是關鍵。

以透視法設定深度與視角的方式

假設現在要在畫面中配置多個正方形。

1　在畫面中設定視平線，並在正中央畫上中心線。從交點畫出左右對稱的線，作為一點透視法的輔助線。

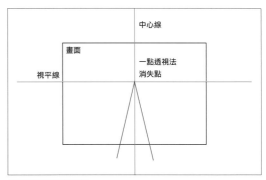

圖4-7 設定視角的步驟1

2　以一點透視法的輔助線為基準，在適當的位置配置正方形。第一個正方形可以隨意描繪。在這個階段，要準確地按照視角畫出正方形的深度是很困難的，所以請想像自己想畫的正方形，以重視外觀的方式來描繪。在尚未決定視角的階段，不論是多寬的深度，在透視法中都能視為正方形。擺上正方形的瞬間，視角與深度就已經確定了。

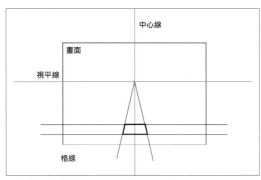

圖4-8 設定視角的步驟2

3　擺上正方形後，就能確定格線的位置。

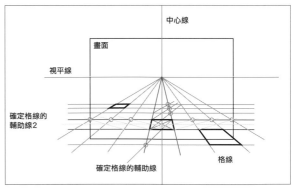

圖4-9 設定視角的步驟3

4 將這個正方形的對角線延伸到視平線，
就能確定二點透視法的消失點。

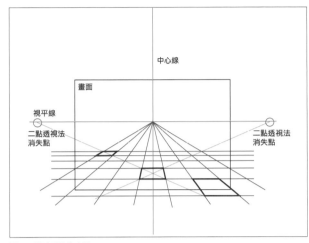

圖4-10 設定視角的步驟4

5 以一點透視法的消失點為中心，畫出一
個通過二點透視法消失點的正方形，就
會完成水平與垂直視角皆為90度的邊
框。

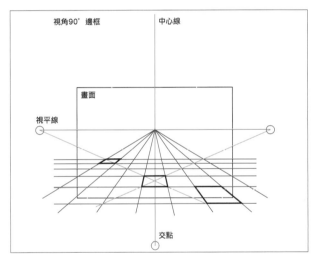

圖4-11 設定視角的步驟5

6 從垂直的中心線與正方形的底邊相交
的點開始，往左右兩邊分別畫線，延伸
到畫面邊框與視平線相交的點。這麼一
來，在正方形的底邊與中心線的交點形
成的角就代表了視角的角度。

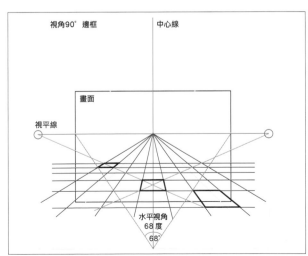

圖4-12 設定視角的步驟6

POINT

以上的篇幅說明了取得正確視角的方法，但其實我們並不建議事先設下固定的視角。若事先設定視角，就必須靠測量與計算來求得深度，而非根據畫面中的對比，因此非常困難，而且大多數結果都是徒勞無功。我們會將視角的效果納入一部分的考量，視情況來決定視角。比較有效率的方法是先想像視角，在畫面中配置物件，然後導出視角與透視法，再經過持續的修改使畫面漸漸接近理想的視角，並依序畫出其他的東西。因此重點並不在於瑣碎的視角數字，而是了解視角的作用，所以接下來的篇幅要介紹的是視角帶來的效果。

視角中的景象

前面已經學過透視的原理等描繪深度的方法，而從中擷取哪些範圍的方法就是視角。即使是描繪同樣的場景，不同的視角也會有不同的效果。話雖如此，光是文字說明也令人難以理解，所以請嘗試更為直覺的學習方式。

首先閉上單眼，伸直雙手，用拇指與食指框出方形（圖4-13）。然後，請試著讓手靠近自己，把擷取的範圍放大（圖4-14）。這麼做就會單純地放大剛才框起的範圍，使景象完全不同。

如果想要在框起相同範圍的狀態下改變景象，可以保持雙手的方框靠近臉部的動作，直接往前走，這樣就能一邊改變景象，一邊擷取同樣的範圍了。

如果能在腦中如此想像，就能學會用視角來控制繪畫的場景。

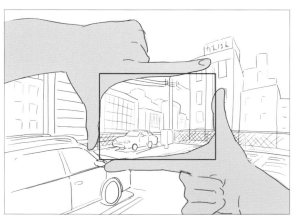

圖4-13 狹窄視角中的景象

圖4-14 寬廣視角中的景象

望遠・廣角

大家已經知道視角會改變景象了,接下來就深入了解視角的不同會造成什麼樣的效果吧。人眼能感知的自然視角大約是 40 ～ 50 度。將這個視角縮小就稱為「望遠」,放大就稱為「廣角」。

望遠正如其名,就像是眺望遠方的狀態。剛才大家應該有用手指確認過視角,一開始把手伸直所擷取的畫面就是望遠的狀態。望遠會產生「壓縮深度」的效果。因為深度被壓縮了,所以物體的厚度會變得不明顯,使遠處的東西和近處的東西看起來都一樣。側視圖的繪畫作品就是極端的望遠構圖。這種構圖很安定,給人寧靜沉穩的印象。

相對之下,廣角是容納了較大範圍的狀態。剛才用手靠近臉部來擷取畫面的狀態就是廣角。廣角的透視會讓景象充滿魄力,近處的東西看起來更大,遠處的東西看起來更小。運動攝影機主要採用廣角鏡頭,所以運動攝影機拍下的影像就是很好的例子。廣角的畫面給人強而有力且戲劇化的印象。

扭曲

想像鏡頭的形狀就知道,鏡頭從側面看是有弧度的。所以雖然在望遠的狀態下並不明顯,但愈接近廣角,畫面的邊緣就會扭曲得愈明顯。另外,根據鏡頭的材質,有時候也會使影像產生顏色錯位的現象,也就是所謂的「色差」。在攝影領域,這種現象大多被視為缺點,經常使用軟體進行校正;不過在繪畫領域,有時候也會為了增添真實感而刻意加上這樣的效果。在圖4-15的畫中可以看到,本來應該是直線的線條在畫面的兩側變歪了。這就是刻意利用鏡頭的扭曲效果來呈現真實感的例子。

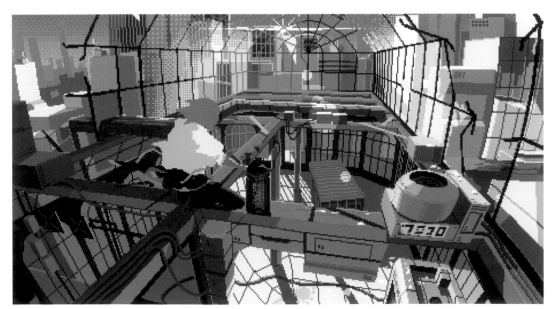

圖4-15 運用鏡頭扭曲效果的範例

圖4-16的畫中甚至還加入色差，刻意表現出彷彿是以鏡頭拍攝的效果。

圖4-16 運用鏡頭色差的範例

魚眼鏡頭使用了不同於普通鏡頭的技術，是一種將攝影範圍擴張到極限的鏡頭。因為它的外型就像魚的眼睛一樣又圓又大，所以才會稱為魚眼鏡頭。以圖4-17為例，魚眼鏡頭拍攝到的影像很接近球體，影像的邊緣也會極度扭曲。想要營造特殊效果的時候很值得嘗試。

圖4-17 運用魚眼鏡頭的範例

DRILL THINK HARD

ULTIMATE PIXEL CREW REPORT

CHAPTER. 5

Title:

畫面編排・構圖

LAYOUT / COMPOSITION

Introduction:

為了傳遞自己想表達的概念，構圖占了很重要的角色。根據想在觀看者心中營造的印象，採用不同的構圖吧。構圖可說是畫家與觀看者之間的橋梁。

畫面編排與構圖的基礎

構圖造成的印象差異

首先就使用前面的章節解說過的透視法，來看看不同構圖給人的印象。

如圖5-1將視線設定在較低的位置（仰視構圖），就會變成很戲劇化且具壓迫感的作品；如圖5-2將視線設定在較高的位置（俯視構圖），就會偏向比較客觀且沉穩的作品。而如圖5-3將視線設定在普通眼睛的高度，就會變成較有親近感的作品。

圖5-1 視線偏低（仰視）的構圖

圖5-2 視線偏高（俯視）的構圖

圖5-3 視線等高的構圖

視角造成的印象差異

圖5-4的視角較寬且遠近感強烈,給人戲劇化且不安定的印象;圖5-5的視角較窄且遠近感薄弱,給人一種有安定感但缺乏動態的印象。

圖5-4 視角寬而遠近感強烈的構圖

圖5-5 視角窄而遠近感薄弱的構圖

距離感造成的印象差異

物體之間的遠近差異很大的時候,由於近處的物體會被強調,使遠處的物體變得比較沒有存在感。如果距離感差不多,兩者則幾乎同等。圖5-6的左圖中,因為花朵比較靠近前方,所以看起來比人物更顯眼。相對之下,圖5-6的右圖因為花朵與人物是同樣的距離感,所以兩者給人的印象幾乎是相等的程度。

圖5-6 物體的距離感比較

比重率‧平衡

接著來看畫面的比例吧。構成畫面的要素可以區分為三個部分:「主題材」、「副題材」及「留白空間」。

主題材是足以作為畫作標題的描繪對象。副題材是圍繞在主題材周圍的景物,留白空間則是空無一物或類似的空間。留白空間也經常作為背景或周圍環境,混合在副題材之中,所以描繪的時候請特別注意。畫面中代表主題材(想表達、想描繪的重點)的物體如果占了很大的範圍,吸引目光的力道就會變強,使視線被主題材吸引,導致主題材與副題材的關係變得薄弱。主題材與副題材的比例就稱為比重率,比重率愈高,視線受到該物體誘導的力道就愈強。

如果主題材的比重率與副題材的比重率相同或是更小,主題材與副題材的關係就會變強,並使視線的誘導力道變弱。

留白空間能凸顯相鄰的主題材或副題材,但範圍太大就會使整幅畫變得枯燥無味。

圖5-7 每個物件的比重差異

基本上人在看畫的時候,目光都會放在中央。描繪時要以此為前提來配置主題材與副題材。

畫面的左右比重很平均的時候,看起來會是一幅安定而缺乏動態的畫(圖5-8左)。若偏向任何一邊,就會變成有動態的畫(圖5-8右)。另外,左右彷彿互為鏡像的構圖叫做對稱構圖,用得好就能畫出寧靜又俐落的作品,用得不好就會畫出俗氣又笨拙的作品。

一旦看到不安定的空間,觀看者就會尋找這個空間存在的理由。如果能找到合理的理由,觀看者就會感到恍然大悟,使這一點成為一幅畫的深度。

從圖5-8就能看得出來,人物擺在中央的畫是很安定的構圖。相對之下,人物偏向邊緣的構圖中,視線方向的另一側留下了很大的空間,所以給人一種不安定的印象。不過,如果能善加運用,這樣的構圖也能呈現不安的情緒或獨特的氛圍,所以並不一定就是糟糕的構圖。但運用不安定的構圖需要一點訣竅,所以基本上還是建議大家採用安定的構圖。

圖5-8 主題材與留白空間的比較

三角形

將要素分別配置在三角形的頂點就能保持畫面的平衡，為作品賦予動態，同時又不失安定感。構成的三角形愈接近金字塔型，愈給人缺乏動態的安定感；如果接近倒金字塔型，就會給人富有動態的不安定感。

構成三角形的要素不一定是主題材或副題材等明確的物體，也可以用構成畫面的線條或色塊來代替。

圖5-9 運用三角形的畫面構圖

視線誘導

安排觀看者的視線動向（流向）的技術稱為「視線誘導」，在畫面編排上是很關鍵的要素之一。

節奏

以不同的位置和大小將物體與要素配置在畫面內，把目光導向主題材，就能畫出容易使觀看者身歷其境的作品。換句話說，只要巧妙運用視線誘導的技巧，便有機會讓觀看者長時間欣賞一幅畫。相反地，如果做得太過火就可能造成散亂的印象，反而無法引起觀看者的興趣。

此外，節奏單調的配置雖然能營造穩定又均衡的氛圍，卻也容易變成缺乏誘導力的枯燥構圖，減少觀看者欣賞各個要素的時間，所以請特別注意。

圖5-10 運用節奏的物件配置

線

如果觀看者感覺到畫面上似乎有許多條線集中到某處,則視線就會移動到線所指的方向。

將主題材或故事的關鍵放在線的集中處,就能畫出容易理解且令人感到安心的構圖。如果視線的焦點沒有主題材或關鍵等具有誘導力的要素,作品就會變成不安定的構圖,使這幅畫失去關注。

圖5-11 運用線的視線誘導

決定構圖的訣竅

構圖是由各式各樣的要素匯集而成。想在觀看者眼裡呈現的效果會改變構圖的方式。這裡將解說決定構圖的時候應該注意的法則與要素。

法則

構圖具有各式各樣的法則,受到這些法則影響的視覺效果有好有壞。其中最重要的是有什麼樣的意圖、想要呈現什麼樣的效果。如果不思考這些事,只是照規矩(法則)去安排畫面,恐怕不能說是有意義的行為。

這個項目將聚焦在常用的法則上,介紹它們的效果。如果有機會活用其中的法則,請務必加以採納。

三等分法

在畫面的長與寬分別畫出三等分的線，將要素配置在交點的方法，也是決定構圖時最標準的手法。使用簡單的中心構圖或二等分構圖會使畫面很單調的時候，使用這個手法就能發揮不錯的效果。

描繪風景的時候，將地平線放在橫切畫面的下方那條線附近，並將要素擺在地平線與垂直線的交點，就是最常見的用法。圖5-12的人物、燈光、柵欄都沿著分割線配置，所以構圖富有安定感。

圖5-12 運用三等分法的構圖

正方形

人類看到均衡的形狀就會安心，並感到舒適。正方形和正三角形等邊長相同的形狀會被視為穩定而令人舒適的形狀。

在畫面編排中使用正方形的時候，可以使畫面的短邊為正方形的其中一邊，並在畫面上畫出一條線，將要素擺在這條線上。舉例來說，圖5-13就包含了以畫面左側為其中一邊的紅色正方形，與以畫面右側為其中一邊的藍色正方形，而要素便是排列在正方形的邊線上。

如此運用正方形的構圖，作品就會變成富有均衡感的畫。

圖5-13 運用正方形的構圖

對角線構圖

沿著畫面的對角線配置物體的手法。做法可以是畫出線條，或是在畫面中製造三角形，因為容易區別不同要素的大小，所以是一種能營造節奏感的構圖。這種手法能夠配置占比大的要素，因此能同時表現安定感與動感。

圖5-14 運用對角線的構圖

黃金比例

將c線段分割時，比例為a：b＝b：c就是所謂的黃金比例。近似值為1：1.618。雖然其中沒有明確的科學根據，但卻是自古以來公認的美麗比例。

此外，使用這個比例的黃金矩形（約5：8）如果分割出正方形，非正方形的部分就會是下一個黃金矩形，可以不斷以此類推。將這些正方形的邊長作為半徑，畫出相連的圓弧，就會形成黃金螺旋。據說其連續性與持續性可以產生視覺上的舒適感。

把這種比例應用到構圖上的手法就是黃金分割法。做法是將畫面的四邊分別切割為1：1.618的比例，並將要素配置在分割點延伸出來的垂直線段或交點上。

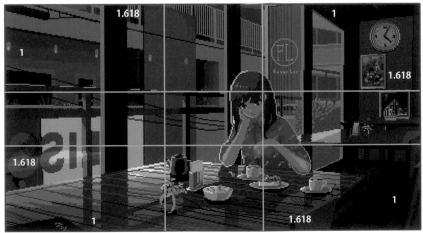

圖5-15 運用黃金比例的構圖

中心構圖・偏心構圖

中心構圖是將主要素放在畫面中央的構圖（圖5-16）。因為能將視線帶往中心的一點，所以給人強而有力的印象。可是這種均衡的構圖缺乏動態，也有令人感到乏味的風險。雖然能夠簡單達成，卻也是難以運用的手法。

圖5-16 中心構圖

而應用了中心構圖，但又稍微使主題材偏離中心的手法稱為偏心構圖（圖5-17）。在標準的構圖中加上了一點動態，比較容易抓住視線，但有時也會讓人感到不諧調，所以有必要在構圖時特別注意主題材與副題材的平衡。

圖5-17 偏心構圖

要素

放在畫面中的要素可說是五花八門，其中有些要素的效果特別值得一提。根據不同的效果，有時候也需要改變構圖的方式。

人‧視線

如果畫面中有人物，觀看者的視線無論如何都會集中到人物身上。這是因為觀看者也是人。人物具有強烈的誘導力，就能夠改變要素與要素之間的關係。人家都說「眼神會說話」，因為人會從眼神中獲得各式各樣的情報，所以特別容易注意眼睛。而且觀看者會想要尋找人物的視線前方有些什麼，即使目光所朝的方向沒有其他的誘導要素，其中仍然具有誘導視線的能力。因此，視線也可以當作其中一種要素，使用在前面所述的構圖法中。

圖5-18 利用視線的構圖

以文字進行視線誘導

與只有顏色的地方相比，文字中包含了更多的情報。因為是明確的情報，所以能立刻傳達給觀看者。因此畫面中的文字要素所具備的誘導力比其他要素更強烈。

另外，雖然會因文化而異，但文字的閱讀方向基本上是固定的，所以也能在整個畫面中發揮視線誘導的效果。以圖5-19為例，觀看者的視線會由左往右移動。這是因為日本人習慣閱讀由左至右的文字，所以這樣的現象特別容易發生在包含橫向文字的畫面上。由此可知，文字可以固定視線的動向。

圖5-19 使用文字的作品

POINT

正如前面所述，由於文字產生的誘導效果，視線會從畫面左上方移動到右下方。這也就表示畫面中會產生時序。如此一來，畫面的左側會被賦予「開始」、「雛形」、「過去」的意義，右側則被賦予「結束」、「進化」、「未來」、「極限」的意義。

另外，雖然由左至右的視線誘導帶著一種開朗而積極的涵義，但如果在最後擺上重重切斷視線誘導的要素，就會帶有嚴肅而沉重的涵義。

邊框．長寬比例

這裡所說的邊框指的是畫面的範圍，長寬比例則是邊框的長度與寬度的比例。顯示器用語中有個常見的詞叫做「高畫質」，指的就是長寬比例為16：9的畫面。由於人類的視覺具有橫向擴展的特性，所以大多會覺得橫長形的邊框比較好看。另一方面，想要呈現深度與高度的時候，縱長形的邊框則更有效。

長寬比例為正方形的邊框給人一種長寬均衡的印象，容易使目光在畫面內四處移動。想要強調主題材，而且需要使畫面保持平衡的時候，採用正方形的長寬比例是很有效的方法。反過來說，如果畫面內要素的力道不夠，也不需要掃視整個畫面的話，

這種長寬比例就不太適合了。

又以圖5-20為例，在畫面內製造其他的邊框也是一個方法。例如用對比或別的要素框起畫面內的範圍。邊框具有凸顯內部要素的效果，如果有想要強調的對象就可以嘗試這種手法。最近用智慧型手機觀賞圖片或插畫的機會愈來愈多了。配合手機畫面將作品設定為縱向或正方形，或許也是可以考慮的方式。

以上是構圖的說明，但構圖只不過是構成一幅畫的要素之一。太過執著於構圖而被構圖局限就本末倒置了。最重要的是「自己想要如何表現什麼樣的題材」。請體認到這一點，好好活用構圖吧。

圖5-20 搭配畫面內邊框的橫向構圖

圖5-21 縱向構圖

CHAPTER. 6

Title:

色彩

COLOR

Introduction:

色彩是一幅畫不可或缺的要素，也是能夠感動人心的關鍵。我們的身邊總是充滿各種色彩，而我們也可以透過光線來感知色彩。因此只要理解色彩與光線，就能減少繪畫時猶豫不決的情形。若能進一步將現實世界的光線與物理法則融入畫中，便能使作品更有說服力。這一章將解說選色的技巧與發生在我們周圍的色彩現象。如果再搭配Chapter 7「光線、陰影」一起閱讀，便能理解得更加深入。

色彩與光線

為風景畫配色的時候，考慮到物體本身的顏色與所受光線的顏色是很重要的。即使是同樣顏色的物體，也會因為光線的照射而呈現不同的色彩。色彩與光線又分為色料三原色與色光三原色，以及可見光、波長等在學術領域中的無數種詳細性質。可是要完全理解這些知識是很困難的，繪畫時沒有必要全部理解。這裡將針對UPC的成員創作時特別注意的要素進行解說。

物體色與光源色

我們所看見的色彩，主要是物體本身的顏色「物體色」與光源本身的顏色「光源色」互相作用的結果。大家應該不難想像，假設有1顆紅蘋果，在白光的照耀或藍光的照耀之下，蘋果會分別呈現不一樣的顏色。

由此可知，想像物體的顏色時，考慮物體原有的顏色和所受光線的顏色是很重要的。意識到這一點就能維持物體與周圍環境的統一性，使描繪的物體更加寫實。

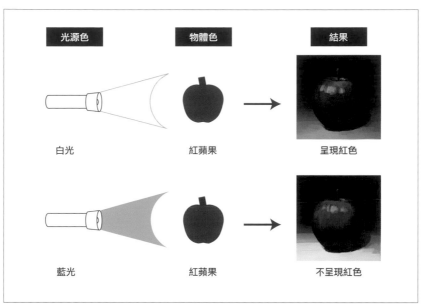

圖6-1 物體色與光源色的不同呈現

色彩三屬性

色彩是由「色相」、「明度」、「彩度」等3個屬性所構成的（圖6-2）。

色相：指紅色或藍色等色彩外觀。

明度：指色彩的明亮程度。若明度低至極限，色彩全部都會變成黑色。

彩度：指色彩的鮮豔程度。彩度愈高，愈接近原色。

色相

明度

彩度

圖6-2 色相、明度、彩度

光的要素

光具有「光度」、「照度」、「輝度」等三個要素。意識到這三個要素，就能調整光線的強弱，統一畫面內的環境，畫出更加穩定的作品。

光度：光源所釋放出的光量。光度愈高，光芒愈強。
照度：代表物體的表面從光源處接受到多少光量。
輝度：指人眼接收到的光量。如果輝度偏高，看起來就會很刺眼。

輝度乍看之下跟色彩三屬性之一的明度是同樣的概念，但輝度指的是光本身的強度，而明度是依附在物體之下的概念，大致來說是代表「反射多少光線」的程度。雖然兩者都是數值愈高看起來愈亮，但本身帶有明亮顏色的物體會不同於受到強光照射而看起來明亮的物體。關於這一點，這個章節的後半部會再說明。

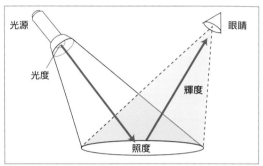

圖6-3 光度、照度、輝度

對比

對比正如其名，指的是亮色與暗色的對照比較。雖然因作品而異，但一般來說對比愈強則光源愈亮，使陰影清晰可見，所以會給人一種戲劇化的印象。另外，從圖6-4就看得出來，光線較強的部分給人強烈的印象，暗處的物體會沒入陰影而難以辨識。所以帶有清晰陰影的受光處會被凸顯，充滿立體感，但其他部分也會相對變得比較平面。利用對比的這種特徵就可以強調畫面內的特定範圍。

與剛才相反，圖6-5是對比偏弱的作品，暗處的亮度足以辨識一部分的細節，所以整體畫面較為平均，但要用光線來營造戲劇化的氛圍則相對困難。不過，根據作品的調性，使用較弱的對比也能給人細膩的印象。

 POINT

不論對比是強是弱，仍然不改光線存在的事實。重要的是在描繪時意識到「光源在哪裡」。只要學會想像光源的強度、顏色、數量、型態，就能自由自在地畫出任何空間。另外也能大幅增加作品的說服力，所以請不要忘了光線的存在。關於光線的詳細知識，會於 Chapter 7「光線、陰影」繼續解說。

圖6-4 對比強烈的範例

圖6-5 對比薄弱的範例

色彩恆常性

我們的色覺十分複雜，能夠藉著周圍的環境光來推測，下意識地校正物體的色彩。夕陽就是其中一個例子。即使看到染上夕陽的東西，我們也能辨識出原本的顏色。觀賞一幅畫時也會發生同樣的現象。就算看到被色光照射而變色的白紙，我們也會認為那是白色。換句話說，我們平常就會在觀看世界的時候自動減去光的顏色。因此，我們常常會忽略不久前所說明的「光源色」，也就是光線本身的顏色。繪畫的時候請不要忘了意識到「光源色」。如果能在創作時意識到這一點，就能漸漸學會靠直覺去掌握色彩的變化，藉此增加光影表現的豐富度與說服力。

另外要補充的是，我們的眼睛具有與此很相似的「色彩適應」能力。舉例來說，大家或許都有經驗，戴上太陽眼鏡的時候感覺到的色彩變化會隨著時間而減輕，漸漸變回平常的視覺感受。這就是所謂的色彩適應。色彩適應也會發生在長時間觀看相同顏色的情況下。所以從色彩的觀點來看，暫時放下完成的作品，等到隔天再重新檢視是否有問題的手法是很有效的。

圖6-6 色彩因光線而產生變化的範例

記憶色

記憶色正如其名，指的是存在於記憶中的顏色。舉例來說，想像草莓時，我們的大腦會想像出比實際的草莓還要鮮豔的顏色。在想像任何物體的時候都會出現這種現象。即使我們想記住自己認知到的某種顏色，只要移開目光，實際的顏色與記憶中的顏色就會立刻產生誤差。就如同剛才舉例的草莓，這種色彩的誤差主要發生在明度與彩度上，且多數的情況都會強調其色彩的特徵。在記憶中，鮮豔的顏色顯得更鮮豔，黯淡的顏色顯得更黯淡，原本的明度也會進一步被強調。

我們記憶中的景色也會發生同樣的現象。回憶裡的風景總是比實際上還要鮮明漂亮。

正如圖6-7的例子，以記憶色來描繪看得見櫻花的教室等明亮的場景時，彩度就會比現實的色調更高，陰影的對比也會更強。除此之外，花朵之類極具代表性的題材特別容易在人們心中留下鮮明的印象，所以窗外的櫻花才會使用比實際的顏色（淡粉紅色）更鮮豔的粉紅色來表現。如此有意識地利用記憶色，就能營造夢境或幻想般的奇妙氛圍。

圖6-7 藉由記憶色誇大色彩的範例

面積效果

所謂的面積效果，是指顏色的面積愈大，看起來則愈明亮、愈鮮豔的一種錯視現象。由於面積較大的地方看起來比較鮮明，有可能過於顯眼，所以有必要稍微降低明度或彩度。相反地，面積較小的地方會給人黯淡的印象，所以人物的臉或主要題材偏小的情況下，有時會選用稍微鮮明一點的色彩。

畫點陣圖的時候特別常用單色來描繪較大的面積。遇到這種情況的時候，請記得調整顏色，以免這個部分吸引不必要的目光。

圖6-8 面積效果的比較

TIPS

光有一種現象稱為貝措爾德‧布呂克現象。所謂的貝措爾德‧布呂克現象，就是同色的光因為輝度的差異而使色相產生變化的現象。輝度愈高，則藍紫色會偏向紫色，黃綠色會偏向黃色，紅色會偏向黃色；輝度愈低，則橘色和紫紅色會偏向紅色，黃綠色和藍綠色會偏向綠色。不過藍色、綠色、黃色不會因為光源變強而改變色相，這種性質稱為「不變波長」。

請試著想像營火。火勢小的時候看起來偏紅，但火勢大的時候看起來偏黃。在插畫中，受到強光照射的肌膚色彩偏黃，沒有受光的陰影部分則可能以偏紅的色彩來表現。樹葉也一樣，受光的明亮部分是黃綠色，陰影的部分則是綠色。

圖6-9由於貝措爾德‧布呂克現象，章魚燒的燈籠中央是輝度高的地方，所以是帶著黃色調的顏色，而愈偏外圍則色調愈紅。

將這種現象活用在畫面中，就能夠表現強烈的光源。

圖6-9 貝措爾德‧布呂克現象的範例

ULTIMATE PIXEL CREW

READING THINK HARD

ULTIMATE PIXEL CREW REPORT

CHAPTER. 7

Title: 光線、陰影

LIGHT / SHADOW

Introduction:

人類是透過光線來認知這個世界的。若沒有光，眼睛當然就無法捕捉到色彩與形狀，而且如果光的性質發生變化，則受光線影響的景物看起來也會不一樣。只要了解光的特性，便能靠想像力畫出任何照明的場景，所以光影的知識不只能夠在風景畫派上用場，對繪畫技巧而言也是很重要的能力。這裡將解說存在於日常生活的各種光影，請學會將這些技巧應用在自己的作品中吧。

白天的光線

日常生活中最明亮也最常見的光源就是太陽了。陽光比我們想像的更亮，而且帶著強大的能量。太陽有時甚至能影響天空的顏色，使整個世界的色調隨之改變。

白天的光線主要是太陽所創造的。單單太陽這個要素，就會因天氣或時段而產生變化，所以需要特別注意。這裡將針對其中較常見的「晴天」、「陰天」、「傍晚」進行說明。

晴天

晴天是太陽最明顯的天氣。可是它看似單純，其實也是種必須特別注意的天候。實際上，雖然太陽只有一個，但也不代表影響環境的光源只有一個。晴天主要有「太陽」、「藍天」、「反射光」這三種光源。例如圖7-1上方的作品，道路的一半被陽光照亮了。相對之下，右手邊靠牆的部分被樹木遮住，沒有直接受到陽光的照射。這裡反而被藍天的光所影響，顏色偏藍。而右側的牆壁下緣因為受到陽光照射的白色地面反射了部分光線，所以看起來稍微明亮一點。圖7-1下方的作品也一樣，亮處被太陽影響，暗處被天空影響，右邊樹木的下緣則看得出反射光的影響。就像這樣，不同的光源會影響物體的色彩，這些效果都是在畫面中營造晴天氛圍的要素。

畫面內的對比強烈也是晴天的特徵之一。其實拍攝照片時，最難以處理的其中一種照明就是晴天。人類的眼睛十分優秀，可以用大腦校正晴天的亮處與暗處，同時觀看這兩種地方。相機如果沒有經過特殊的設定，是拍不出這種照片的。正如開頭所述，陽光是比想像中更強的光源，所以如果直接用相機

拍攝，就有可能使亮處白到消失不見，或是反而使暗處變得過黑。

所以請記得，晴天的光影對比是非常強烈的。

圖7-1 晴天的範例

陰天

在天空被雲層遮蔽的陰天或雨天，雲會使光線擴散，所以光影的對比會減弱。

從圖7-2可以看得出來，中央建築物的每個面都朝著不同的方向，但亮度幾乎沒有差異，整體都受到柔和的光線照射。此外，落在地上的陰影也幾乎沒有清晰的輪廓，頂多是物體的著地面周圍稍微變暗的程度。

為了方便想像，大家可以記住柔光罩的作用。柔光罩是在拍攝照片或影片時所使用的打光道具，指的是類似描圖紙或輕薄布料的東西；在光源前方加上柔光罩，就能適度地過濾光線。柔光罩能使光線變得柔和，均勻地照亮整個空間，減弱被攝物的對比。陰天就像是在太陽前方放置名為雲層的柔光罩。照射到雲層的光會擴散，均勻地照亮整個空間——這麼想就比較容易理解了。

圖7-2 陰天的範例

傍晚

傍晚會讓人立刻聯想到紅色或橘色等「暖色光」。夕陽的太陽光入射角較大,光線抵達之前會通過的空氣層也較厚。因此波長短的藍光會在途中碰到空氣中的灰塵或粒子而發生漫射,導致只有波長長的紅光傳遞到地面。也就是說,傍晚的夕陽顏色並不是眼睛的錯覺或誤會,而是真的偏紅。

不過,如果只用紅色或橘色的光來構成畫面,就會變成缺乏深度和色彩變化的作品。與晴天相同,沒有直接受光的陰影處會被其他地方的光線影響。方向與夕陽相反(東邊)的天空會呈現較深的藍紫色,陰影的部分就會被這片天空影響而偏向藍紫色。圖7-3的亮處因為夕陽這個光源的影響而呈現暖色系的色彩,陰影的部分則吸收了天空的藍紫色,變成帶著藍色調的顏色。雖然人對傍晚夕陽的暖色光有特別強烈的印象,但如果也能考量到暖色以外的光線,作品的色彩變化就會更加豐富。

圖7-3 傍晚的範例

夜晚的光線

應該有許多人都不擅長描繪夜景吧。其理由很單純，因為景色太昏暗了。夜晚的光線遠比白天少，顏色更加難以辨識。夜晚的主要光源有電燈、燈泡、月光等等，經常同時存在，因此要考慮多種光源的影響也變得更加困難。不過，只要確實理解光源的特徵與性質，其實並沒有那麼困難。

人工光線

描繪夜景的時候，請記得除了月光以外，其他光源大多都是點光源。基本上，點光源主要的特徵是（雖然不同光源的大小都不盡相同）光線會以光源為中心，擴散成球狀，而且光線的衰減很明顯，稍微拉長距離就不會影響到其他物體。棒狀的日光燈類似點光源往側面延長的狀態，所以也能視為點光源的一種。圖7-4中，逃生指示燈的綠光是主要的光源，一部分通往樓上的階梯都有受到綠光的影響。可是到了途中，影響立刻減弱，到了頂端就幾乎沒有受到影響。除此之外，消防警鈴上方的紅燈雖然照亮了人物的肌膚、燈泡周圍、警鈴上緣以及正下方的噴罐上緣，但光線也立刻衰減，無法照射到遠處。

圖7-4 人工光線的範例

月光

夜晚另一種不能遺忘的光源就是月光。月光是月亮反射陽光後照射到地表的光線。因此月光的性質很類似陽光，但光線的強度比陽光還要微弱許多。月光造成的陰影與陽光相同，是從單一方向照射，形成筆直的陰影。月光與點光源不同，並不會因為距離而衰減。只不過，月光比電燈或日光燈的光更微弱，所以在霓虹燈或電燈四處閃耀的夜晚城市中，月光大多會被蓋過，幾乎沒有影響。

圖7-5中，雖然月光在花壇與建築物上造成了明暗，但建築物的一部分與灌木、人與狗受到比月光更強的路燈照射，所以會優先受到路燈的光線影響。另外，因為路燈的光屬於點光源，所以光線會以光源為中心，擴散成球狀，並且很快就開始衰減。像這樣仔細考慮每一個光源的影響，就會發現夜景的照明絕對不是很困難的題材。

圖7-5 月光的範例

螞蟻眼睛

到這裡已經解說了一些關於光線的概念，但就算懂得理論，要把想像落實到畫中也不是那麼容易的事。因此這裡要介紹一種方法，幫助各位透過想像來掌握光影。身為藝術家的詹姆士‧葛爾尼在他的著作《色彩與光線》中這麼介紹名為螞蟻眼睛的方法：「想理解環境中有什麼樣的光源，請想像自己是一顆裝在螞蟻背上的小小眼珠並發揮想像力，如此一來就能明白了。」換句話說，只要把螞蟻放在自己想知道受了什麼光線影響的地方，想像從這裡看到的發亮物體，就會比較容易理解這個地方會受到什麼光源的影響。

舉例來說，假設有一隻螞蟻站在晴天的郵局建築物陰影中。而且，這隻螞蟻看得到的明亮物體是受到陽光照射的郵筒和藍天。太陽被建築物本身遮住了，所以這個部分的陰影會被天空的藍光和郵筒的紅光影響，使陰影整體變得偏藍，只有郵筒附近變得稍微偏紅。就像這樣，把螞蟻放在不知道光源會造成什麼影響的地方，然後想像周圍世界的方法就是所謂的「螞蟻眼睛」。使用這個方法就能以單純的要素來掌握複雜的光影，應該能夠幫助各位理解光線。

固有色

固有色與Chapter 6「色彩」中說明的「物體色」是相當接近的概念，所以有些部分是重複的，但針對繪畫或插畫進行說明的時候，經常會使用含有更多主觀要素的固有色為概念。

固有色就是物體本身原有的顏色。例如郵筒是紅色，檸檬是黃色，青椒是綠色等等。聽起來似乎理所當然，不過人類其實只能相對地認知顏色。必須在灰色光的照射下，才能看見這些固有色本來的樣子。因此，實際描繪風景的時候，除了該物體本身的固有色以外，還需要考量光與氣候的影響，以及表面材質來進行配色。另外，為了改變作品的氛圍，有時候也會刻意用特定的色調來為整幅畫上色。在這種情況下也要遵守固有色的概念，並在上色時維持各種顏色之間的整體感。

雖然這裡可能說明得有些難懂，但簡而言之，畫風景時其實很少只用固有色來描繪所有的景物。如果畫郵筒時只用單純的紅色（只更改明度的紅色），恐怕會給人一種粗糙的印象。

圖7-6中，雖然右側建築物的上半部是灰色，但因為實際的光線影響，亮處是粉紅色，暗處則是用深藍色來描繪。前面提到人類只能相對地認知顏色，指的就是這麼一回事。大概也只有在陰天或攝影棚的打光之下，才能畫出物體本來的顏色吧。不拘泥於固有色，並且考慮到光線影響的配色方式是很重要的。

圖7-6 考慮到光線的固有色變化

TIPS

在固有色的概念下,現在來聊聊關於亮處與暗處彩度的話題吧。這個概念幾乎在任何照明中都適用,記起來會很方便。描繪物體時大概能區分為三個區域,最亮的地方稱為亮面,中間的亮處稱為中間調亮面,最暗的地方稱為暗面。中間調亮面的部分能夠清楚辨識顏色,彩度比亮面與暗面更高。相反地,亮面與暗面部分的彩度會比中間調亮面稍低一點。即使不了解光線與表面材質的影響,只要能掌握這個原則,就能畫出品質穩定的作品。

陰影

有光線就必然會產生「陰影」。可以說描繪光線的同時,也描繪了陰影。沒有光線照射的東西不過是沒有色彩的黑色物體,就算畫下來也只是一幅塗滿黑色的作品罷了。陰影是從光線與物體的關係中誕生的,所以繪畫時必須思考它們的相對關係。

前幾節的「白天的光線」、「夜晚的光線」已經解說過如何觀察光線,而這裡將解說陰影的形成方式與型態等基礎知識。

繪畫中的「陰」與「影」是在光線照射下形成的現象,本質上同樣都是因為光線被阻斷而產生的。不同之處在於外觀的性質。只要能了解陰與影有什麼不同、該怎麼觀察,就能學會用更加精確的方式描繪物體。

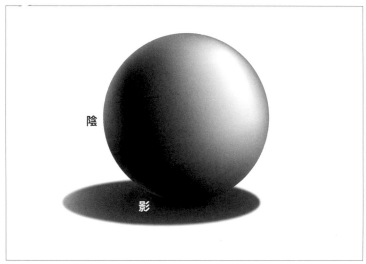

陰

影

圖7-7 陰與影

陰

陰指的是光源照射到物體的時候，物體本身沒有受到強光照射的部分。陰的狀態會根據光源的強度、擴散程度與觀看的角度而改變。

陰的形成方式與反射光

想知道陰是如何形成的，首先要思考物體與光源的位置關係。

物體的面與光源的方向愈接近垂直就愈亮，與光源的方向愈接近水平就愈暗。陰通常出現在受光面的另一側，但實際上就算不是光源的另一側，有時候也會產生陰。

假設想描繪的物體位在太空中，物體沒有受光的地方就會像月球的背面一樣，變得一片漆黑，但日常生活中並不會出現一片漆黑的陰。這是因為光源的光會照射到物體以外的地面或牆壁，經過反射後再照射到物體，使沒有直接受光的暗處也變得稍微明亮一點。這種現象稱為「反射光」。

而如果是帶著曲線的圓形物體，愈靠近物體的邊緣，光線集中的面就愈密集，所以反射光也會因此變得更亮。

圖7-8中的圓柱受到來自左側的光源照射，因此與光線最接近垂直的頂部是最亮的地方。其次是左側的面與光線接近垂直，所以也很明亮。愈靠近受光面的另一側就愈來愈暗，形成了陰。光線被遮蔽的右側由於地面的反射光與面的密集，又會漸漸變得稍亮一點。

暗面的顏色會被反射光與環境光影響。正如前幾節的「白天的光線」與「固有色」稍微提到的，暗面可能是不同於光源的色調，彩度有時候也會降低，所以配色時要注意周遭的環境。

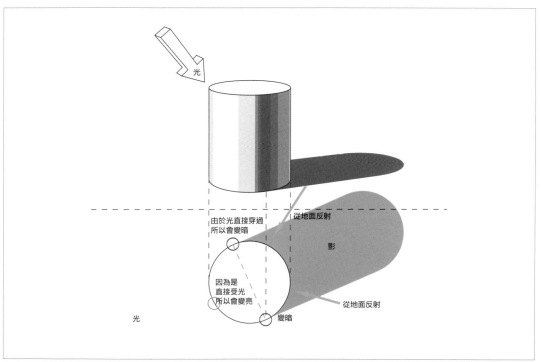

圖7-8 光線與陰影的關係

影

影指的是被別的物體遮蔽而不受光線照射的地方。
最常見的影是映照在地上的影子。影的形狀也會根
據光源的強度、擴散程度與位置關係而改變。

想取得影的形狀,可以畫出與光源方向平行的線,
連接物體的輪廓線與映照著影的面。這時候必須注
意的是,影的延伸方向也會受到透視的影響,所以
如果想取得準確的線,就需要在畫面內畫出新的透
視線。

而且地面與光源愈接近平行,影就會延伸得愈長。
想像傍晚時影子被拉長的樣子就很容易理解。而造
成影的物體與影的距離愈遠,影的輪廓線就會變得
愈模糊不清。高聳大樓影子的亮處與暗處的界線之
所以比較模糊,就是因為這個原理。

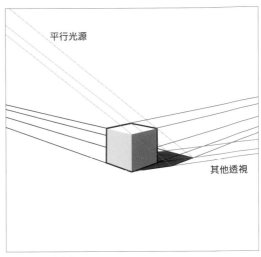

圖7-9 影的形成方式

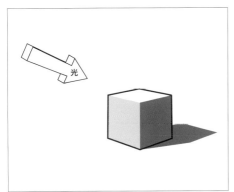

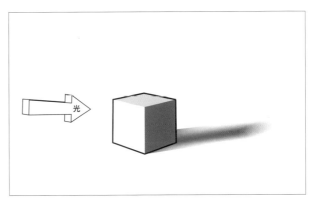

圖7-10 光與影的位置關係

光源造成的陰影變化

改變陰影的形狀與性質的主要因素是「物體與光源
的相對位置」以及「光源的種類」。

物體與光源的相對位置大致能分為三種——從物體
正面照射的「順光」、從側面照射的「側光」以及隔
著物體從後方照射的「逆光」。進行構圖的時候請

考慮到光源與物體的位置關係,再開始配置想描繪
的題材。

另外,光源的種類主要可以分為「點光源」、「面光
源」、「平行光源」及「環境光」。不同的光源會形
成不同的陰影,請特別注意。

點光源

點光源正如其名，是一種源自於點的放射狀光源。許多光源都具有點光源的性質，例如燈泡、手電筒、蠟燭等等。光源的尺寸愈小，愈容易表現出點光源的性質。點光源的特徵是會根據物體與光源的距離，以距離的平方為倍率，逐漸衰減。

點光源產生的影會清晰地投射出物體的輪廓，平行投射時會使影比實物更大。陰則十分明顯，物體的對比也更加強烈。直接用閃光燈拍攝的照片就是很典型的例子。另外，其實太陽也具有點光源的性質，但由於光源尺寸過大，所以在渺小人類生活的範圍內，太陽會被視為平行光源。

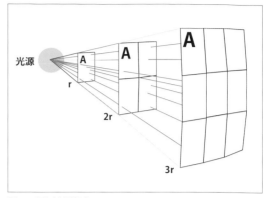

圖7-11 光線衰減的概念

線光源

線光源可以視為直向排列的許多點光源。日光燈就是其中一個例子。線光源造成的影比面光源更清晰，但沒有像點光源那麼清晰。線光源造成的陰比點光源更淡，呈現柔和的漸層。

面光源

面光源是來自一定面積而非一點的光源。常見的例子有電腦或手機的螢幕。面光源可以視為無數點光源的集合體，因為光線是從光源的任一處擴散，所以會造成邊緣模糊的影。完全不受光線照射的黑暗部分稱為「本影」，影與光形成漸層的部分則稱為「半影」。

陰由於光的擴散而變得模糊，能夠清楚辨識受光物體的細節。

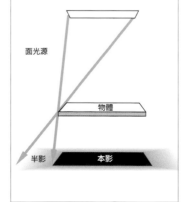
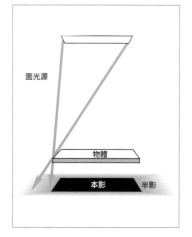

圖7-12 點光源與面光源形成的影

平行光源

平行光源的光線方向並非放射狀，而是以一定方向平行前進。相對於投射出來的影比實物更大的點光源，平行光源在垂直投射時產生的影會與實物一樣大。陰與點光源一樣會有強烈的對比，使物體看起來更有立體感。

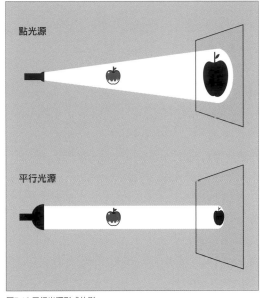

圖7-13 平行光源形成的影

TIPS

「面光源」的項目已經說明過，光的擴散會形成本影與半影，但嚴格來說，所有光源的光都會產生擴散的現象。日常的景色中無法看見點光源、線光源、平行光源的完美狀態，由於任何光源皆多少具備面光源的性質，所以都會產生本影與半影，差別只在於程度的大小。

環境光

前面所介紹的光源稱為一次光源，指的是本身就會發光的光源。一次光源所發出的光線碰到物體就會反射，這時候反射的光線會成為二次光源。而這些光線又會再進行複雜的反射，使這個世界充滿了光。無法辨別方向性的這些光線稱為「環境光」。環境光會被反射的物體影響色調，形成獨特的空氣感。而且因為光線無法進入狹窄的地方，所以必然會變暗也是它的特徵之一。

光線傳遞不到而形成陰影的部分稱為「封閉式陰影」，是畫面中最暗的地方。這種陰影主要出現在物體與著地面之間。前面的項目說明過的反射光也是構成環境光的要素之一。

反射光會反射物體的固有色，照亮物體附近的範圍。如果物體是白色或黃色等明亮的顏色，有時候影響的範圍會更大。

想要在一夕之間完全理解關於光影的知識並加以活用，恐怕是相當困難的事。這一節記載了光線與陰影的基本概念，請基於這些知識，反覆練習吧。如果能從中摸索出其他疑問或進階的使用方式，那就更好了。

關於光影的補充

讀了這麼多光影的艱澀理論，大家或許會覺得有點混亂。因此，這裡將介紹UPC的成員是如何將這些概念融入自己的作品中的。

複數光源與邊緣柔和的陰影

圖7-14中同時存在陰暗的環境光、日光燈與路燈等多個光源。

真實生活中也很少遇到只有單一光源的狀況，如果包含二次光源在內，幾乎隨時都存在複數種光源。這幅作品在構圖時考慮到複數種光源，描寫得相當真實。

除此之外，電話亭的柱子陰影由於面光源而在地面上延伸。面光源的特徵是光線會擴散，所以陰影的邊緣消失了。基於面光源的特性與環境光的影響，陰影與物體的距離愈遠，邊緣也就愈柔和。

其實不必想得太困難，大多數情況只要將大範圍陰影的遠處畫得模糊就行了。了解光源的特性並逐一配置物體，就不會在光影的關係上碰到障礙。

圖7-14 邊緣柔和的陰影範例

廷得耳效應

所謂的廷得耳效應，就是因為空氣中的粒子而顯現出一道道光束的現象。就像點光源或平行光源，出現清晰陰影的情況比較容易發生這種現象。

考慮光源的入射角，將物體陰影形成的光束路徑畫得夠明亮，就能表現出這種現象。這個手法能表現強光，或是強調空氣的存在感與灰塵飛揚的情境。

圖7-15 運用廷得耳效應的範例

樹蔭

樹蔭是強烈的陽光照射到樹葉上,在陰影的縫隙間透出一點光線的狀態。圖7-16中,因為陰影落在樹木附近,所以陰影本身的形狀很清晰;但樹木與陰影的距離愈遠,樹葉等物體就會使光線擴散,因此陰影的邊緣會變得更柔和。樹蔭基本上都是陽光造成的陰影,所以容易受到反射光或環境光的影響,使陰影變得更淡。

圖7-16 運用樹蔭的範例

封閉式陰影

封閉式陰影主要發生在物體接觸地面的部分。因此，決定畫面中的最暗處時，可以將封閉式陰影納入色彩設計的考量。圖7-17中，不會被窗外的光線直接照射到的桌子底下，以及光線無法進入的角落，就是封閉式陰影構成的最暗處。

圖7-17 運用封閉式陰影的範例

ULTIMATE PIXEL CREW REPORT

CHAPTER.8

Title: | 材質

TEXTURE

Introduction:

描繪點陣圖時若能表現細部的質感,就能使作品更加寫實。但如果太過凸顯物體的質感,有時候也會讓整幅畫變得不諧調,所以請找出每幅作品最適合的平衡點。這個章節將針對不同的質感舉例,解說基本概念以及表現該質感所需要的知識。

木頭

木材

生活周遭有許多木材,它是經常出現在繪畫中的物質。因為每種木材的紋理與色澤都不同,所以描繪時要仔細觀察想畫的木材。

在表面畫上木材特有的連續曲線,看起來就會更寫實。如果木材位於畫面的近處,解析度足以辨識細節,就要畫出清晰的紋理。若是位於較遠處而解析度不足的話,可以單用色塊來表現,或是盡量降低色彩差異。要是勉強畫出細節,反而容易削弱木材的質感,請特別注意。

圖8-1中,木製平台的部分以波浪狀的連續紋理表現了木材的質感。而且,相對於畫面近處的明顯紋理,遠處則省略了細節,藉此兼顧複雜的紋理與簡潔的印象。

圖8-1 木材的範例

木質地板

描繪木質地板的時候，最重要的就是「光澤感」。紋理的畫法與前面提到的木材幾乎相同，但還要注意表面加工所造成的光澤感，才能凸顯木質地板的特徵。舉例來說，仔細觀察木質地板就會發現，上面有時候會映照著家具等物品的倒影。畫出這些倒影就能表現出木質地板特有的光澤感，達成更寫實的描寫。

圖8-2中，可以在木質地板上看到沙發、茶几、牆壁、盆栽等物品的倒影。藉著描繪倒影，就能表現出木質地板的光滑質感。

圖8-2 木質地板的範例

原木（樹皮）

原木表面大多包裹著堅硬的樹皮，因為樹皮的質感比木材更粗糙，所以明暗也會更明顯，使細節更為突出。

此外，不同樹種的原木，色調也各不相同，有些樹皮偏白，有些樹皮偏黑，如果只是抱著「樹＝褐色」的印象而不仔細觀察，就會畫出欠缺說服力的作品。不只是原木，描繪任何東西時，仔細觀察實物都是很重要的。

圖8-3畫面左側的路樹就是以明顯的對比來描繪樹幹，藉此表現樹皮的凹凸質感。

圖8-3 原木的範例

石頭

石塊

當光線照射到表面凹凸不平的石塊，這些凹凸就會造成陰影，使細節清晰可見。而且這種石塊的輪廓十分銳利，到處都有尖角。相反地，河床等處的石塊大多都是經過磨損的圓滑形狀，所以會呈現更滑順的陰影。描繪時要注意各種石塊的特徵。

雖然也會依種類而異，但幾乎所有的石塊表面摸起來都很粗糙。如果解析度足以描繪石塊的細節，就能使用鋪磚模式等手法來表現粗糙的質感。

在圖8-4畫面左側中連綿的石塊使用了清晰的陰影描繪，藉此呈現尖銳的表面。另外，這裡也使用了鋪磚模式，製造出粗糙的質感。

圖8-4 石塊的範例

濕潤的石塊

被水浸濕的石塊跟普通的石塊（乾燥的石塊）相比，明度會降低，而彩度會提高，所以看起來比較鮮豔。另外也會反射較多的光線，所以亮面的顏色會變得更亮，反射光看起來也更明顯。

圖8-5中，人行道的部分全部都被雨淋濕了，所以是使用非常暗的顏色描繪。另外，地面畫上了景物與人物的倒影，藉此表現石塊的濕潤感。

圖8-5 濕潤石塊的範例

金屬

不鏽鋼（光滑的金屬）

不鏽鋼（光滑的金屬）就像鏡子一樣，會反射大部分的光線，所以外觀將受到周圍環境的強烈影響。因此，描繪不鏽鋼的時候，意識到倒映在表面的景物，就能表現出更真實的質感。一開始可以先觀察日常生活中的不鏽鋼，學習掌握質感的特徵。

圖8-6中，扶手部分就是不鏽鋼材質，所以描繪時會考慮到地面與椅子的布料、窗外射入的陽光等要素的影響，畫出清晰的倒影。

圖8-6 不鏽鋼的範例

生鏽的金屬

金屬的外觀會因為鏽蝕而產生變化。特別是放置在戶外的鐵，容易因為雨水而造成明顯的鏽蝕。鏽蝕愈嚴重，表面就愈粗糙，最後還會變成紅褐色或黑色，甚至碎裂瓦解。除此之外，光的反射會在這個過程中漸漸變得不明顯也是其中一個特徵。

生鏽的方式會依環境而不同，容易淋到雨的部分或經常積水的地方會更容易生鏽。

圖8-7中，原本應該亮晶晶的車身沒有了反光，就能表現出經年累月的舊化。將鐵鏽畫在雨水容易流經的車輛邊角部分和凹槽處，也進一步提升了真實感。

圖8-7 生鏽金屬的範例

玻璃

玻璃是透明無色的，但會造成光線的折射與反射。描繪玻璃的重點就在於描繪光線的反射與折射。

玻璃的特性是會依照視線和表面的角度而產生鏡子般的強烈反光，所以描繪有角度

的玻璃表面時，必須意識到強烈的反光。即便是在沒有角度的情況下，玻璃也會稍微倒映出前方的景色；從明亮的地方隔著玻璃望進陰暗的地方時，這個現象會更加顯著。將這些特徵融入繪畫中，就能表現出更有真實感的玻璃。

圖8-8中，建築物正面的玻璃稍微反射了前方的景色，角度更大的側面玻璃所反射的景色則比正面更明顯。像這樣確實畫出玻璃的特性，作品就會更具說服力。

圖8-8 玻璃的範例

水

水也具有類似玻璃的性質。與玻璃最大的不同在於水是液體。表面（水面）波動時，亮面會移動，倒映在上面的景色也會隨之搖曳。

水也一樣會使光線折射，所以從不同的角度觀看，水中物體的位置會與實際上有所差異。不只如此，水與玻璃相同，若有一定的角度，反射光線的比例就會增加，所以會像鏡子一樣倒映出景色。舉例來說，俯視近處水面的時候不太會看見倒影，而是能清楚看見稍微經過折射的水中景物；愈遠的水面，角度就愈大，所以景色會倒映在水面上，更不容易看見水中景物。

圖8-9中，水面上清楚畫著深處（室內）景色的倒影，表現了從水中望出去的畫面。

圖8-9 水的範例

植物

葉子

雖然統稱為葉子,但其中也有各式各樣的品種,全都有不同的形狀與特徵,所以要在低解析度中畫出寫實的葉子,就一定要仔細觀察並掌握想要描繪的植物特徵。

圖8-10 植物的範例

舉例來說,楓樹的葉子形狀就像張開的手掌,枝葉的特徵是往側面生長。蕨類則有許多往上生長且規律排列的細長葉子,會隨著重力而柔軟地下垂。描繪樹葉這種具有一定分量的東西時,訣竅是掌握整體的陰影,然後再漸漸貼近真實的型態。一開始先畫出大致的輪廓,然後再逐步描繪葉子與樹枝等細節部分即可。另外,如果是某些具有特殊形狀的觀賞植物,就要確實表現出葉子的特徵。

圖8-10包含各式各樣的植物,卻藉著色彩與葉片造型的微妙差異,在低解析度中巧妙地表現了各種植物的特色。

草皮

草皮包括生長在地面上的細小植物與苔蘚等等。低解析度的點陣圖很難畫出所有細節,所以只能以色彩的轉變和明顯的特徵來表現細小的植被。

仔細觀察生長在地面的植物就會發現,由於植被的表面長著茂密的葉子,所以表面受光照射而變得明亮的同時,葉子與葉子之間的陰影也會變得非常陰暗。描繪植被的時候,大膽地描繪強烈的對比也是很重要的。

草皮的每一片葉子都很小,所以距離愈遠,細節就愈不明顯,甚至是以單純的色塊來描繪。先描繪近處草皮的細節,再補足遠處草皮的細節,就能呈現草皮的複雜材質,同時又維持畫面整體的清爽感。

圖8-11只描繪植被的受光處,有效表現了草皮的質感。特別是右端建築物前方的草,只描繪了一部分的細節,卻使整體看起來更加完整。

圖8-11 草皮的範例

火

火並非物質，而是物質燃燒所伴隨的現象。火本身就會發光，所以色彩並不會受到其他光線或環境的影響，只要掌握其特徵，描繪火焰本身並不困難。可是描繪火的時候，有必要考慮火焰本身對周圍造成的影響，火的真實感也是由此而來，所以意識到這一點是很重要的。

營火等較大型的火焰會搖曳得很猛烈，形狀並不規則；但蠟燭等較小的火焰只會微微搖曳，能維持比較安定的形狀。

另外，雖然會因燃燒的物質而定，但一般的有機物燃燒時，都會以點光源的形式散發暖色的光。因此，靠近火的景物會受到暖色光的影響，但到了距離火焰稍遠的地方光線就會明顯衰減。

圖8-12中，火焰本身並沒有畫得很詳細，但卻深入描繪了周圍景物受火光照耀的影響，藉此表現火的特性。

圖8-12 火的範例

樹脂（塑膠）

我們的日常生活中存在許多樹脂（塑膠）製品，所以它也是經常出現在作品中的素材。樹脂具有各式各樣的色彩與形狀，大多數都帶著光滑的表面，能夠反射一定程度的光線。雖然樹脂的亮面相對鮮明，但卻不至於產生清楚的倒影。它的反射並不強，頂多是稍微受到周圍的色彩影響的程度。

由於樹脂是在繪畫上非常難以區別的素材，所以能否看出該物品是不是樹脂，有很大一部分必須仰賴觀看者的知識和記憶。因此，忠實呈現描繪對象的形狀和特徵是非常重要的。以裝在房間裡的冷氣機為例，因為冷氣機大多是橫向的白色長方形，如果畫出脫離其特徵與形狀的物體，觀看者恐怕就很難知道它是樹脂。

圖8-13中，雖然椅子的光影並沒有什麼獨特之處，但因為畫出了樹脂製椅子的特殊形狀，所以才能讓觀看者知道這是樹脂。

圖8-13 樹脂的範例

布料

輕薄的布料

雖然也會因布料材質而異,但薄到一定程度的布料是會透光的。試著想像白天的窗簾就很好理解。隔著光源的布料因為透光的緣故,布料本身會變得比較明亮,也會使光線擴散,稍微照亮周圍的景物。布料帶有顏色(有彩色)的情況下,光線的照耀會使它的顏色看起來更加鮮豔。而且被透光布料遮住的地方也會呈現偏向該色調的顏色。

圖8-14中,窗簾是使用稍微透明且彩度偏高的方式來描繪,藉此表現被光源照射的輕薄布料。

圖8-14 輕薄布料的範例

衣服

觀察衣服皺褶的陰影就會發現,其中混合著清晰的陰影與柔和的陰影。清晰陰影與柔和陰影的形狀與比例會決定衣服的材質。在點陣圖中,如果解析度足以描繪布料的細節,使用鋪磚模式表現柔和的陰影,便可以巧妙地呈現衣服的柔軟質感。鋪磚模式不只能用來表現石塊等粗糙的質感,也能表現布料等物品的滑順陰影,所以請有效利用。

圖8-15中,藉由清晰陰影與柔和陰影的比例和形狀,表現出連帽衫的構造與布料材質的厚度。另外,也使用鋪磚模式表現衣服的柔軟質感。

圖8-15 衣服的範例

ULTIMATE PIXEL CREW REPORT

CHAPTER.9

Title: 動畫

ANIMATION

Introduction:

點陣圖由於解析度與色彩數有限的特性，很容易做成動畫，所以與一般的繪畫相比，點陣圖與動畫的契合度更高。此外，低解析度與較少的色彩數所無法呈現的部分也可以用動畫來彌補，使表現手法更加豐富。做動畫很需要耐心與勞力，但它所帶來的表現幅度卻也是貨真價實的。這個章節將會介紹製作動畫的基礎知識與技法。

基礎知識

動畫的原理是利用大腦的錯覺，藉著快速替換多張圖畫（靜態圖），使靜止的圖畫看似會動的技法。翻頁動畫就是一個淺顯易懂的例子。雖然做法很單純，但因為必須準備好幾張類似的圖畫，所以是很需要毅力的過程。如果想做1秒10格且總長10秒的動畫，以最單純的算法，總共就需要畫100張圖（10張×10秒）。

現代人經常可以看到許多動畫，所以實際接觸到動畫的機會變多了，但因為製作起來太過費工，所以鮮少有動畫是全手繪而成，大多都會使用搭配CG的軟體補幀技術來提高製作效率。不過，點陣圖因為解析度與色彩數有限，即使是手繪也相對容易製作，所以現在大多數的點陣圖動畫也都是以手繪來完成。製作手繪動畫時，如果有相關知識，畫起來就會格外順利，所以請先將基礎知識記在腦海中吧。

影格速率（fps）

製作動畫的時候，首先必須決定「影格速率（frame rate）」。影格速率的數值代表每單位時間（通常是1秒）要顯示幾張圖畫（靜態圖），以fps（frames per second = f/s）為單位。

如果fps是10（10fps），就表示1秒內會顯示10張圖畫。如果fps是30（30fps），就表示1秒內會顯示30張圖畫，播放起來也會比10fps的動畫更加順暢。有些軟體不是使用fps，而是使用稱為「固定影格速率（constant frame rate）」的數值，而這種數值代表的是1張圖畫顯示的時間。它的單位是毫秒（ms）。如果固定影格速率是100，就表示1張圖畫會顯示100毫秒（1秒的10分之1），等同於10fps。

fps愈高則動態愈順暢，但畫起來也更加費工。而且這樣會變得更難省略一些動態，所以也不一定是愈高愈好。實際上在日本播放的電視動畫幾乎都設定在4～12fps左右，有時候也會根據不同的場面來使用不同的fps。點陣圖由於解析度低，很難表現細微的動態，所以就算將fps設定得太高，通常也沒有意義。其實大多數情況下，5～10fps左右就足夠了。

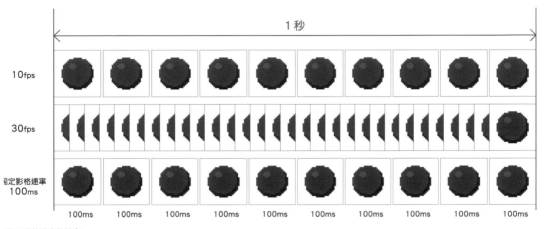

圖9-1影格速率的概念

中間畫

中間畫是製作動畫時經常使用的手法。步驟是先畫出動畫的主要部分，然後再補上中間的部分，完成整部動畫。這麼做能夠使整體品質不易產生誤差，是很方便製作的手法。

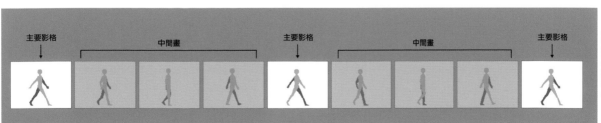

圖9-2 中間畫

緩急‧殘影

繪製動畫的時候，意識到速度的緩急是非常重要的。在現實世界，物體幾乎都不會以固定的速度持續移動。會以固定速率移動的東西，頂多只有輸送帶或是摩擦力小的冰上曲棍球等等。繪製動畫的時候，重點在於想像物體的重量與力道的大小，以較為誇張的手法來表現。舉例來說，表現快速的動態時可以運用殘影，描繪炸彈時可以在爆炸的前一刻停頓一瞬間。要在這裡說明動畫中使用的所有動態是很困難的，因此以下將挑選主要的動態來進行解說。

緩動

開始移動時緩慢，在中途加快速度，停止時又漸漸放慢的移動方式。雖有強弱之分，但大多數物體的移動都是如此。動畫看起來單調而乏味的時候，只要在動態中融入緩動，大多能得到改善，所以請積極使用。

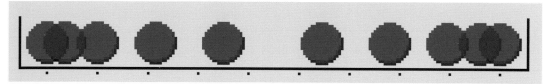

圖9-3 緩動

緩入／緩出

只在開始移動時漸漸加速，或是只在停止移動時漸漸減速的移動方式。
如果加上殘影與極端的速度變化，也可以用在揮劍或跳躍的動作。使用在物體移動或停止的時候，就能表現出物體的重量。加速與減速的時間愈長，代表重量愈重。

圖9-4 緩入

圖9-5 緩出

蓄力

在開始移動時,加入蓄積力量般的動作。這種表現手法帶有漫畫的風格,搭配緩出就能得到更好的效果。在爆炸前暫停一瞬間,或是在跳躍前往下蹲的動作,都是蓄力的其中一種表現。在移動之前加入相反的動作就能產生對比,進一步強調接下來的動作。

圖9-6 蓄力

慣性

在停止的時候維持原本的力道,然後反彈的動作。屬於漫畫風的表現。

圖9-7 慣性

殘影

在前面的動作與後面的動作途中加上相連圖像的表現方式。點陣圖的解析度低,影格速率也大多偏低,很難表現動態的細節,所以經常使用殘影來補足中間的動態。

特別是快速的動作,使用殘影的效果就能表現出更強的速度感。例如揮劍的動作或是快速跳躍的動作,加上殘影便可以表現出一瞬間的移動。

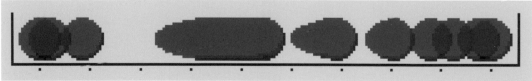

圖9-8 殘影

CHAPTER.9

風景與動畫

風景畫乍看之下沒有明顯的動態，似乎不適合做成動畫，但風景與動畫其實是非常契合的好搭檔。加上動畫就能在畫中製造時序，添加更多的資訊，所以能畫出讓觀賞者充滿想像空間的作品。

雖然有時候也會用激烈的動畫來表現戲劇化的景象，但基本上，大部分的風景畫都是採用寧靜的動畫，表現沉穩的氛圍與時間的流逝。例如以頭髮和服裝的飄揚來表現風，或是描繪蠟燭的搖曳火光、空中飛舞的塵埃，在畫中營造時間靜靜流逝的感覺。

這次要介紹我們的一部分作品中使用的動畫。各位可以參考這些作品，試著在自己的創作中添加動畫。

自然的動態

描繪風景畫的時候，加上風、水、塵埃等「自然的動態」是最有效的方式。以開頭提到例子來說，畫出「頭髮飄逸」的樣子，就能表現在角色周圍吹拂的風。和緩的動態可以表現寧靜的景象，激烈的動態則可以表現戲劇化的景象。樹木、花草、旗子、衣服、煙霧等景物都是很適合表現飄逸感的題材，但實際觀察風景就會發現，會動的地方其實出乎意料地少。在這種情況下，為了繪製動畫而加上會動的景物也是不錯的方法。

圖9-9 頭髮飄逸

為角色本身加上動作，就能表現出栩栩如生的氣息。除了手或腳的動作以外，即使只加上眨眼，或是呼吸時的肩膀起伏等細微的動作，也能為角色賦予生命力，所以請積極活用這種手法。

圖9-10 角色的動作

在自然的動態中，水也是很容易運用的動畫。反覆循環的水很好描繪，而且光是重複播放幾個影格，就能表現水的流動。除了水的波紋和流動的表現以外，另外還有水中的氣泡與映照在水底的搖曳反光等等，關於水的動畫十分多樣，如果各位在描繪畫面中有遇到水的時候可以參考看看。

圖9-11 水的動態

人工的動態

在風景中，除了自然的動態以外，還有「人工的動態」。例如通風扇的扇葉，由於容易描繪循環的動態，所以是一種很好融入畫中的題材。除此之外，鐘擺、紅綠燈等等會重複相同動態的景物也很好融入風景畫，所以各位可以仔細觀察再試著描繪。

圖9-12 不斷旋轉的通風扇扇葉

描繪風景的時候，汽車是經常出現的可動人工物。汽車的動態不一定會重複，所以將它融入風景時必須避免不自然的情況；但由於汽車是很貼近生活的題材，所以如果能巧妙運用，就能畫出富有真實感的作品。除了汽車本身的動態以外，如果能將車頭燈或巡邏燈等物品的動態畫成適當的動畫，也能使作品更有真實感。

圖9-13 汽車與巡邏燈

描繪日光燈的閃爍時，只要改變每個影格的亮度就能營造寫實的印象，十分方便。只不過，如果做得太過火就會讓觀看者的注意力停留在這裡，使整幅畫的其他地方遭到忽略，所以使用時要特別注意。

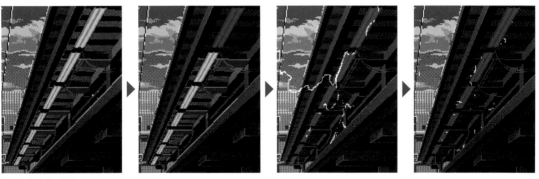

圖9-14 閃爍的日光燈

 POINT

如果要使用動畫來呈現風景畫，大多會畫成「循環動畫」。循環動畫是主要使用在動態照片的手法，藉著在畫面中的一部分加上循環動態，製造出時間感與空氣感。繪製循環動畫的時候，請注意不要使觀看者過度意識到反覆的循環。本來很少重複的東西如果在短時間內再度重複，就會給人不自然的感覺。選擇「風」、「眨眼」、「煙霧」、「蒸氣」、「電燈」、「灰塵」等經常重複相同動態的題材，就能描繪出更自然的作品。

風景動畫的製作流程

這裡將簡單介紹風景動畫的製作流程。這次介紹的是運用「Adobe Photoshop」（以下簡稱 Photoshop）製作動畫的一例，但基本概念也可以應用到其他軟體中，所以請務必記住。

選擇動畫題材

首先要決定將什麼地方做成動畫。如果畫面中並沒有描繪適合反覆移動的東西，可以追加新的動態景物，也可以使用灰塵、鏡頭光暈、鳥類等比較簡單的東西來製作循環動畫。這幅作品原本就是以循環動畫為前提，所以在畫面中採用了通風扇這個容易重複循環的題材。

圖9-15 構思動畫的題材

製作動畫的準備

使用「Photoshop」來製作動畫時,需要使用「時
間軸」功能。從[視窗]→[時間軸]開啟[時
間軸]視窗,就可以使用這個功能。使用「CLIP
STUDIO PAINT」來製作動畫時,也會用到[時間
軸]功能,與前者一樣是從[視窗]→[時間軸]來
叫出視窗。

這次使用的軟體是「Photoshop」,所以詳細的操
作步驟無法使用在其他的軟體上,但幾乎所有可以
製作動畫的軟體都具備時間軸的功能。不論使用什
麼軟體,基本上都是對圖層構造賦予時序,概念可
以應用在其他軟體上,所以先學起來會比較方便。

圖9-16 [時間軸] 視窗的選擇

按下[時間軸]視窗中央的
[建立視訊時間軸]按鈕,
建立時間軸。

圖9-17 建立視訊時間軸

從[視訊時間軸]視窗右上角的選單按鈕點選[設
定時間軸影格速率]。

圖9-18 設定時間軸影格速率

在［時間軸影格速率］視窗設定
［影格速率］。考量想做的動畫的
順暢程度，設定在5～15fps左
右。這次的作品設定為15fps。

圖9-19 設定影格速率

這樣就完成時間軸的設定了。時間軸的圖層構造是與［圖層］視窗的構造相連的。因此，在［圖層］視窗新
增圖層的時候，構造也會反映在時間軸上，因而產生新的圖層。

圖9-20 時間軸的構造

製作動畫

這次要製作的是通風扇旋轉的動畫，所以要建立通
風扇動畫專用的圖層群組，將畫了通風扇的圖層放
在裡面。這個時候，請將圖層的顯示時間設為「1

影格」。從時間軸將圖層列的右端拖曳到最左側，
就會顯示為1影格。

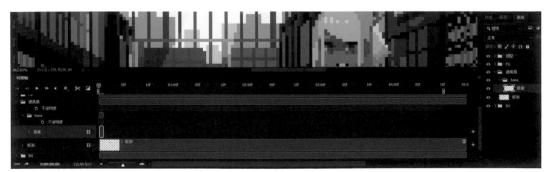

圖9-21 繪製動畫影格1

在剛才的通風扇圖層上新增圖層，擺放在相差1影格的時間軸上。移動紅色的進度條，比較新圖層與上一個影格的圖層，在新增的圖層中繪製動畫。這次做的是通風扇旋轉的動畫，所以要以順時針方向

畫出相差約1像素的葉片。

圖9-22 繪製動畫影格2

重複相同的步驟，畫出葉片剛好轉完一圈的動畫。時間軸左上方的播放鍵可以預覽動畫，請在繪製的過程中頻繁確認動畫的播放情形。

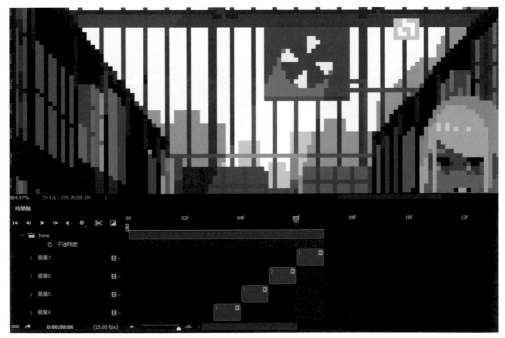

圖9-23 繪製動畫影格3

畫好通風扇旋轉一圈的動畫後，請收起群組，然後複製整個群組，排列在原始群組的後面。

圖9-24 使動畫持續循環1

經過幾次複製，連接任意秒數的群組後，一段動畫便完成了。接下來同樣要用群組來統整每一個動作，繼續追加不同的動畫。用一個群組統整一段動畫會比較方便整理，也比較容易追加動畫。這次除了通風扇，另外還追加「通風扇遮住的光線」、「人物眨眼與呼吸的動作」、「空間中的灰塵飄散」的動畫。

圖9-25 使動畫持續循環2

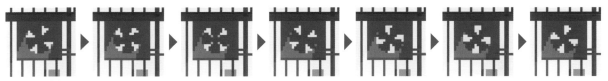

圖9-26 動畫完成

以上就是繪製動畫的大致流程，不論是製作什麼樣的動畫，步驟同樣都是先新增圖層，再畫出與上一個圖層稍有不同的動作。另外，即使是用其他軟體，製作動畫的概念基本上也是相同的，所以只要記住這些便利的知識，就能畫出任何動畫。請各位務必學起來。

應用篇　　　ＵＸＣ

Title:　像素藝術背景畫法完全解析

"ULTIMATE PIXEL CREW"

ULTIMATE PIXEL CREW REPORT

ULTIMATE PIXEL CREW REPORT

MAKING

Title:  繪製過程　APO+

MAKING：APO+

TOOL：PHOTOSHOP

發想・構思

點陣圖背景的發想方式

我們的身邊總是充斥著各式各樣的數位藝術作品。其中，點陣圖看起來或許是有些特殊的手法。況且創作風景點陣圖的人更是少見，這也使得這個類別顯得更加異類了。

不過，在我看來，創作點陣圖的發想方式也跟所謂的普通繪畫（油畫、素描、速寫等等）是相同的。

以素描為例，目的是將眼前的物品畫得盡量寫實。在寫實這一點上，點陣圖也是一樣的。它與素描或油畫的不同之處只在於解析度低，實際上做的事情並沒有什麼差別。

這次介紹的繪製過程中，雖然也包含點陣圖特有的

技法，但這些都是為了代替普通繪畫所使用的漸層或模糊等效果。因此，請不要對點陣圖敬而遠之，而是視為普通繪畫的衍生手法。

畫面氛圍的決定方式

發想

不論要畫什麼，首先都要在腦中想像自己想畫的東西。我經常從日常生活中各式各樣的光影變化、景色和現象中獲得靈感。這次的靈感來源是「香港的路口」、「斜射的紅色陽光」這兩個景象。

圖A-1 位於香港路口的大樓

圖A-2 紅色陽光的印象

蒐集資料

接著要蒐集資料。所謂的資料主要是圖片。最好的方法是自己去現場拍攝照片，但也可以利用網路來蒐集資料。請蒐集關於想描繪題材的任何資料。

這次我針對靈感來源──「香港的路口」、「斜射的紅色陽光」，分別蒐集了包含這些要素的資料。蒐集資料時，最重要的是盡量蒐集多一點資料。每個要素最少也要蒐集十張左右的資料。蒐集大量的資

料就能從中找出共通點，使自己想畫的題材更加明確。而且如果蒐集的資料太少，畫出來的作品就會過度偏向特定的資料，妨礙到構圖和配色的自由，所以請盡量蒐集許多資料。

速寫

接著要以蒐集到的資料為基礎，開始速寫。速寫的
目的主要是為了決定構圖，並且整理題材的相關資
料。盡量把腦中的想法都畫出來是這個階段的重
點。

另外，雖然這次是使用數位軟體，但使用紙筆來速

寫也沒問題。使用數位軟體的時候，請注意不要像
點陣圖一樣將解析度設定得太低。因為這樣比較容
易掌握物體的構造與細節，也比較容易整理資料。

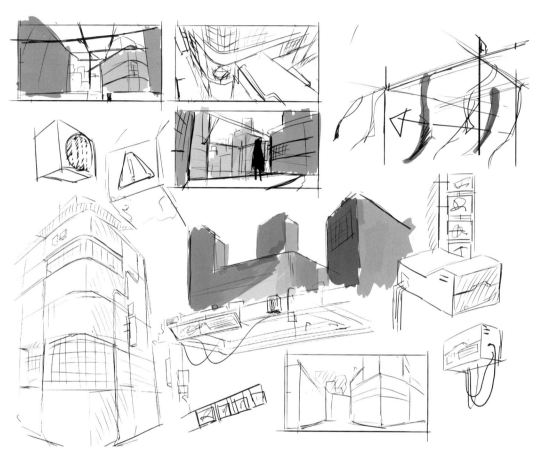

圖A-3 速寫的一例

在速寫的過程中漸漸導出成品的構圖。這時候的
速寫，只要能掌握物體的配置和題材的造型就可
以了，不需要深入描繪細節。請自由地畫出各種景
物、構圖與編排。

接下來就要根據這些資料與速寫，將所獲得的靈感
與構圖融合到畫面中。

Photoshop的設定

版面設定

接著要建立描繪作品的基礎範圍——版面。點擊
［檔案］→［開新檔案］，在［新增］視窗中進行版
面的設定。輸入適當的文件名稱後，將寬度設為
「480」像素，高度設為「270」像素。這代表版面
的寬度有480個點，高度有270個點。單位請務必
選擇［Pixels］。

順帶一提，這次繪製的尺寸在點陣圖中算是偏高的
解析度。過高的解析度會增加作業量，也有可能失
去點陣圖的特色；但只要能善加運用，就能表現詳
盡的細節和美感。相反地，低解析度雖然不容易
表現小細節，但卻具備點陣圖特有的細膩表現與質
感。這次的作品只是其中一例，請大家試著找出適
合自己的尺寸。描繪點陣圖的時候，事後再調整解
析度是很困難的，所以需要特別留意。設定完成
後，請按下［確定］按鈕。

另外要補充的是，繪製作品的時候可以建立該作品
專用的資料夾，將參考資料和備份資料等關於同一
幅畫的檔案保存在同樣的地方，這樣會比較方便。
如此一來，版面的設定就完成了。

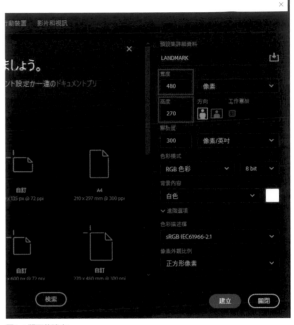

圖A-4 版面的建立

 POINT

這邊要說個題外話，關於解析度，經常有人會將「dpi（相對解析度）」的設定與「絕對解析度」的概念
搞混。dpi是指每英吋有多少像素的單位，只在印刷等輸出到現實世界的時候才有意義。只用數位方式
顯示的作品並沒有固定的dpi，所以比起dpi，單純指定像素數的絕對解析度更加重要。

剛才設定的dpi項目是「300」，但由於這次完成的作品沒有要直接印刷，所以這個數值並沒有意義。維
持原始設定就可以了。

點陣圖的特殊設定

鉛筆工具 — 快速鍵：[B]

使用 Photoshop 繪製點陣圖的時候，基本上會使用
這個 [鉛筆工具]。

快速鍵是 [B]，但這個鍵預設的是 [筆刷工具]。
長按工具列的筆刷圖示就能選擇 [鉛筆工具]。只
要在工具列選擇 [鉛筆工具]，每次按下 [B] 鍵就
可以立刻使用鉛筆工具。

圖A-5 選擇 [鉛筆工具]

在版面上按下右鍵就可以選擇筆刷，但預設的筆刷
並不適合畫點陣圖，所以要自行設定。

按下 [F5] 鍵可以開啟筆刷面板。從 [筆尖形狀] 選
擇 [正方形（1 pixel)]，並且只將 [形狀] 的選項打
勾。

如果筆刷列表中沒有 [正方形（1 pixel)] 筆刷，請
從上方的筆刷選單的齒輪圖示點選 [舊版筆刷] 來
新增筆刷。

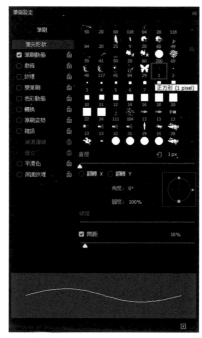

圖A-6 筆刷面板

接著請在選擇 [鉛筆工具] 的狀態下在版面上按右
鍵，開啟筆刷選擇畫面。

點擊筆刷選擇畫面右上角的 [＋] 按鈕，開啟新增
筆刷選單。

將名稱設為「1 pixel」，如果 [包含工具設定] 有
打勾則取消勾選，僅勾選 [在預設集中擷取筆刷大
小] 並按下 [確定]。

圖A-7 新增筆刷

這麼一來就完成筆刷的新增了。基本上整個過程都是使用剛才設定的筆刷來描繪，有需要的時候可以隨時按照同樣的步驟新增。橡皮擦工具也可以採用同樣的筆刷設定。如果想自己設定筆刷，請注意要選擇鉛筆工具，並且將[不透明度]設定為100%。

[不透明度]的數值特別需要注意。雖然也有某些情況會刻意調整[不透明度]，但基本上都要維持100%。否則色彩數就會在無意間增加，失去點陣圖的美感。

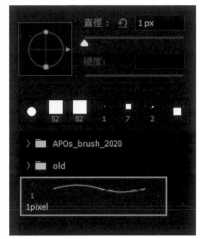

圖A-8 新增筆刷完畢

橡皮擦工具 － 快速鍵：[E]

用來擦除顏色的工具。基本上使用的方法與鉛筆工具相同。

需要注意的一點是，狀態列的[模式]必須改成[鉛筆]。如果沒有進行這項設定，就會畫出消除鋸齒過的模糊輪廓。

它也跟筆刷一樣，使用時必須維持100%的[不透明度]。

橡皮擦的[不透明度]特別容易在作畫途中不小心變成99%等數值。雖然外觀上難以察覺，但選取顏色範圍或是使用油漆桶的時候，就會發現不對勁。請特別小心。

圖A-9 [橡皮擦工具]的[模式]設定

油漆桶工具 － 快速鍵：[G]

填滿圈起的範圍時使用的工具。將狀態列的[容許度]設為0，然後取消勾選[消除鋸齒]。至於[連續的]則要視情況使用。如果勾選[連續的]，就可以只填滿相連的面。

圖A-10 [油漆桶工具]的設定

魔術棒工具 – 快速鍵：[W]

選取指定顏色時使用的工具。由於繪製點陣圖時幾乎都會限制色彩數，所以[魔術棒工具]非常方便，是經常使用的工具。

它與[油漆桶工具]一樣要將狀態列的[容許度]設為0，並且取消勾選[消除鋸齒]。[連續的]同樣必須視情況使用。如果勾選[連續的]，就可以只選取相連的面。

狀態列左邊有四個正方形重疊而成的圖示，它們代

表選取範圍的追加方式。

基本上，選擇從左邊數過來的第二個——[增加至選取範圍]會很方便。如此一來，每次選取範圍的時候，就可以將新選取的範圍追加到原本選取的範圍。

圖A-11　[魔術棒工具]的設定

滴管工具 – 快速鍵：[I]或按著[Alt]點擊畫面

想要將畫面內的顏色直接選為前景色的時候會用到[滴管工具]。

按著[Alt]鍵點擊畫面也是常用的功能，請記起來。

像素格點

在Photoshop的原始設定中，[像素格點]是開啟的。

這是可以在畫面放大時清楚辨識像素界線的功能，但描繪風景點陣圖時，有時候會妨礙作業，所以這

次要將它關閉。從選單點選[檢視]→[顯示]→[像素格點]就可以更改設定。

方便的快速鍵

■ 選擇版面

按著[Ctrl]鍵點擊版面，就可以從版面上直接選擇點擊處所屬的圖層。圖層數很多的時候，這個快速鍵十分方便，請記起來。

■ 水平翻轉版面

水平翻轉版面就可以確認構圖的諧調感。這也是經常使用的功能，但它並不是預設的快速鍵，所以必須自行設定。

請從選單的[編輯]→[鍵盤快速鍵]開啟快速鍵編輯選單。從[快速鍵類別]的下拉式選單開啟[應用

程式選單]，從[影像]→[水平翻轉版面]設定快速鍵。我個人是設定為[Alt]＋[Ctrl]＋[H]鍵，但大家可以設定為自己方便使用的按鍵。

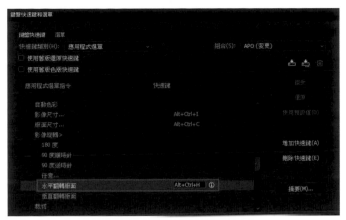

圖A-12 設定快速鍵

■ 畫面的放大與縮小

[Alt]＋[滑鼠滾輪上下]可以放大或縮小畫面。

描繪細節時需要放大，確認整體平衡時則需要縮小。

這是經常使用的功能，請務必記住。

建立構圖

透視輔助線

描繪有深度的場景時，使用透視輔助線是非常便利的方法，所以這次也會使用到它。實際上，大多數的繪畫技法書都會在描繪背景的章節解說透視輔助線的使用方式，大家可以試著參考看看。想表現出理想的視角，就需要一定的祕訣與知識。詳細內容請見Chapter 4「透視」。

透視輔助線的描繪重點・注意點

描繪透視輔助線的時候，可以先從地平線開始畫起。另外也可以根據消失點使用不同的顏色，並且區分成不同的圖層。

至於線的畫法，在Photoshop可以先點擊起點，再按著[Shift]鍵點擊終點，如此一來就能拉出直線。

只不過，這個方法雖然輕鬆，卻也不太精確，所以如果想拉出更正確的線，就要使用[筆型工具]來描繪路徑，並從選項執行[筆畫]，這樣就可以拉出符合路徑的準確線條。

描繪透視輔助線

首先在背景圖層上新增圖層，決定地平線並拉出一條
水平的線。然後，以速寫為基礎，預測成品的大致構
圖，決定消失點的位置。這次我想描繪的是往左側深
處延伸的街景，於是將第一個消失點（綠色線條）設
定在畫面的左側深處，並將相對位於90度角的第二
個消失點（紅色線條）放在第一個消失點附近，藉此
營造出強而有力的廣角感。

兩個消失點距離愈遠，畫面就會愈接近沉穩而缺乏
動態的望遠構圖。

因為這次我想使用三點透視法來呈現上下的透視，
所以在高於畫面上緣的位置設定了消失點，並畫出輔
助線（藍色線條）。

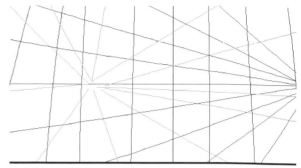

圖A-13 描繪透視輔助線

將透視輔助線的圖層設為群組

按著[Ctrl]鍵一一點擊畫好透視輔助線的各圖層，同
時選取這些圖層。在這個狀態下按下[Ctrl] + [G]
鍵，將圖層歸納到同一個圖層群組中。雙擊剛才建立
的圖層群組名稱，將名稱更改為「透視輔助線」。

選擇「透視輔助線」群組，將圖層視窗的不透明度設

定為50%左右，使後續繪製線稿時更方便辨識。

物件的配置

以剛才畫好的輔助線為基礎，在畫面中配置各種物
件。

基本上都使用1px的[鉛筆工具]來描繪。描繪建
築物的時候，可以先點擊起點，再按著[Shift]鍵
點擊終點，即可拉出直線。

描繪建築物時，必須參考蒐集到的資料，在繪畫
的過程中進行聯想。圖A-14看似很快就能畫出建
築物，其實是經過了好幾次的修改，漸漸完成的形
狀。不論想重畫幾次都沒問題，所以我會在反覆嘗
試中找出理想的構圖。

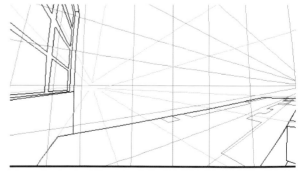

圖A-14 按照透視描繪建築物

另外，只要將各個物件區分為不同的圖層，事後要
微調位置或是更改單一建築物的顏色，都會比較方
便。

按照近景→中景→遠景的順序，逐漸畫出景物。從
近處的主要建築物開始畫起，再漸漸加上遠處的建
築物，比較容易掌握畫面的深度，也比較容易營造
富有真實感的空間。另外，根據不同的深度來區
分顏色，就能使構圖更清晰，更好掌握空間的遠近
感。

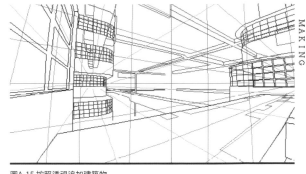

圖A-15 按照透視追加建築物

線稿完成。在這個步驟使整體印象達到一定的完成度，就能讓後續的作業更加輕鬆，所以我會畫到可接受的
程度為止。

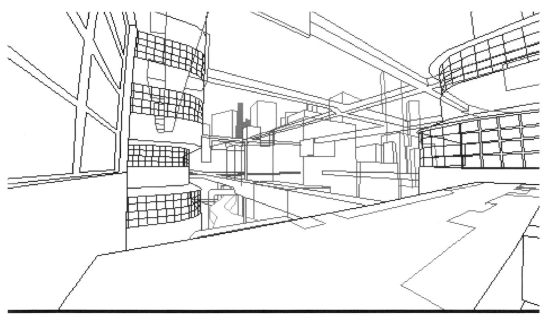

圖A-16 完成整體印象

決定整體畫面的色調

以光線的法則進行填色

接下來要決定畫面的色調與照明。這次的作品是以紅色陽光為概念，因此是想像黃昏的場景來進行填色。關於光影的知識，請參考Chapter 7「光線、陰影」的介紹。

在線稿的圖層直接使用［油漆桶工具］或［鉛筆工具］來填滿顏色。填滿顏色的時候要使用［魔術棒工具］。使用［魔術棒工具］單獨選取想填色的地方，再用尺寸較大的［鉛筆工具］來塗色，就可以輕鬆地畫好同一個面的色彩變化。

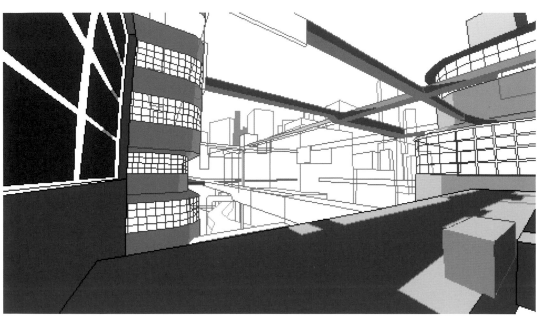

圖A-17 填色並決定照明

這次填色的原則是光源從遠處往近處照射。

受光的面會被最強的光源——太陽所影響，所以要畫上夕陽照射出來的橘色或紅色等暖色。相對之下，陰影面會受到太陽對面的天空顏色所影響。這次描繪的是傍晚的場景，所以天空不是藍天，而是有點昏暗的顏色，應該不會帶有太強的藍色調，因此要畫上稍微混濁一點的藍色。

畫面上半部的格狀構造的底部有點亮，這是因為受到強光照射的下方地面會反射光線。就像這樣，填色的過程必須在腦中模擬光線的影響。天空的顏色使用了線性的漸層，但這麼做只是為了掌握整體的印象，之後還會再減少色彩數。先決定天空的顏色，對照明的理解也有幫助，所以我會先填上顏色。

另外，我經常在畫面中安排大範圍的橫向陰影。這麼做是為了用陰影連結各個物件，使畫面的深度更加明顯。

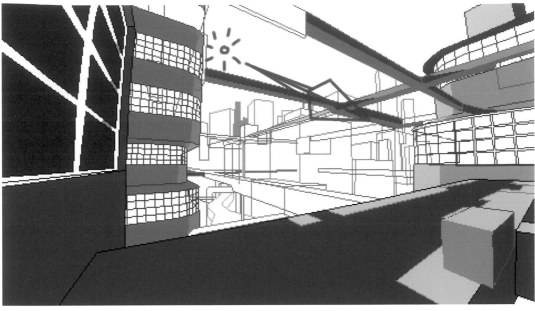

圖A-18 留意光線的方向與強度

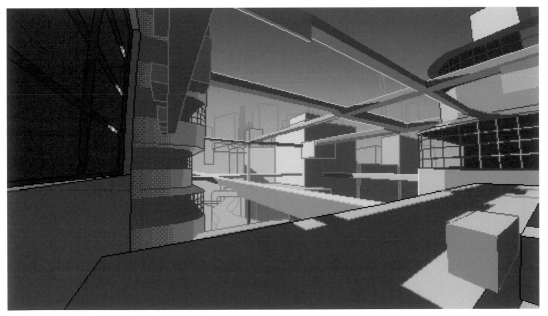

圖A-19 替整體畫面填色

調整色彩的平衡

現在要暫時調整整體的色調。目前的配色沒有考量
到整體色彩的平衡,所以要使用調整圖層來調整。
點選[圖層]→[新增調整圖層]→[漸層對應],
建立漸層對應的調整圖層,放在最上方。漸層對應
的調整面板會顯示如圖A-20的色彩列。

圖A-20 漸層對應的設定

點擊漸層部分,就會進入漸層的調整畫面。所謂的
漸層對應,就是根據不同的明度,將畫好的面更改
為對應顏色的功能。

這次就如圖A-21,我將陰暗處調整為深藍色,中間
調的亮處調整為粉紅色,最亮處則調整為橘色、水
藍色以及白色。這麼一來,陰影部分就會變成更暗
的藍色,受光部分則變成暖色調更強的顏色。

以漸層對應來調整色調時,基本上選擇藍色等冷色
系作為陰影色(左)會比較穩定,但自由選擇其他
顏色也沒問題。從陰影色(左)依序選擇明度愈來
愈高的顏色,也會使配色更加穩定。在色彩數方
面,以至少三種以上的顏色來製造漸層,就能達到
豐富的配色。

藉著改變暗處與亮處的色相,更可以避免整幅畫變
成平板又無趣的色調。如果覺得畫面的色調似乎缺
乏了什麼,建議各位可以積極活用這個功能。

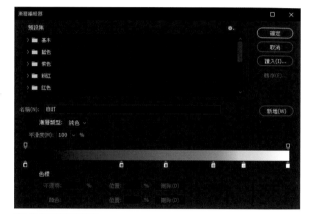
圖A-21 漸層對應的調整

選好顏色後,將調整圖層的[不透明度]降低至10
~30%。這次我設定為30%。

接著將調整圖層與目標圖層進行合成。在選擇調整
圖層的狀態下點擊[圖層]→[複製圖層],把複製
好的圖層放在想要合成的圖層上方。然後,同時選
擇複製好的圖層與想合成的圖層(按著[Ctrl]鍵再
點擊就可以選擇多個圖層),執行[圖層]→[合併

圖層],將兩個圖層合併。

雖然會多花一點時間,但請將這個步驟套用到所有
的可見圖層上。執行這個步驟之後就很難再回頭
了,所以我會在執行前另存備份檔案。

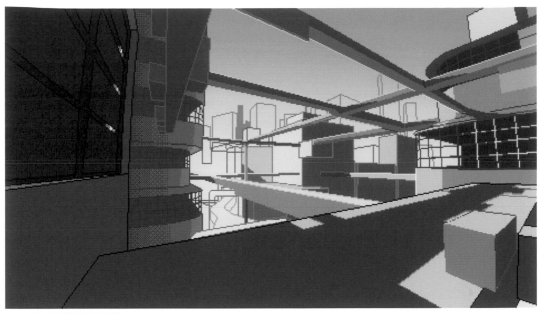

圖A-22 使用漸層對應來調整色調

配置瑣碎的物件並畫上大樓的陰影與反光後,整體
畫面的配色就完成了。

這時候要暫時停下來確認整個畫面的平衡。我會放
大或是翻轉版面,確認構圖與色彩的搭配。

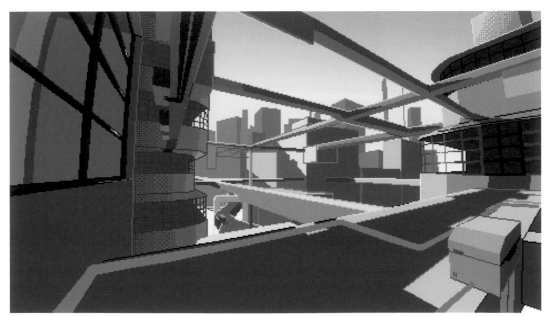

圖A-23 調整畫面的平衡

描繪細節

地面的反光

開始繪製反光。

這次我想在畫面近處的地面描繪反光（倒影），所以將表面設定為鏡面材質。首先要替反射部分的基礎範圍建立圖層。選取想繪製反光處的圖層，用〔魔術棒工具〕（〔容許度：0〕，勾選〔連續的〕）選取想繪製反光的範圍。

選取之後新增圖層，使用200px左右的〔鉛筆工具〕將選取範圍塗滿顏色。因為之後還要再建立剪裁遮色片，所以一定要針對塗滿顏色的部分新增圖層。這次要在圖A-24中塗滿紅色的範圍內繪製反光。

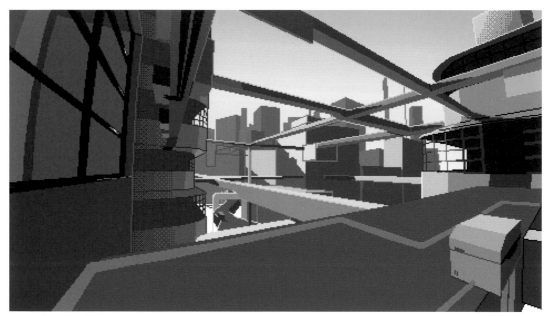

圖A-24 用顏色塗滿想繪製反光的部分（建立基礎範圍）

選擇塗滿顏色的圖層，點擊選單的［影像］→［調整］→［色相／飽和度］，調整色相、彩度、明度，使反光部分的顏色更加自然。基本上選擇與天空相近的顏色就可以了。

這次我選擇了畫面中最明亮的顏色。這麼一來，之後要對反光材質進行剪裁時，明度比較不容易降低。

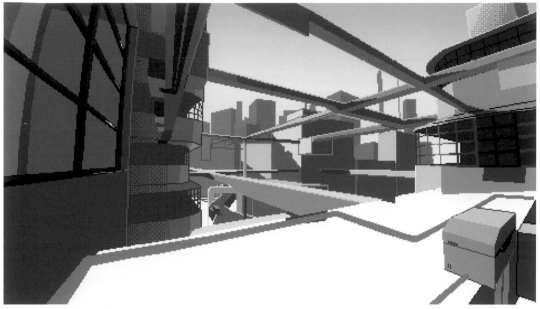

圖A-25 使面的顏色更接近環境

分別複製近景圖層、中景圖層、遠景圖層，然後同時選擇複製的所有圖層，從選單列點選［編輯］→［變形］→［垂直翻轉］。

接著，將複製的圖層擺在為了繪製反光而塗滿顏色的圖層上。選擇複製的圖層，從選單列點選［圖

層］→［建立剪裁遮色片］，並將每個圖層調整到不會在畫面上顯得怪異的位置。

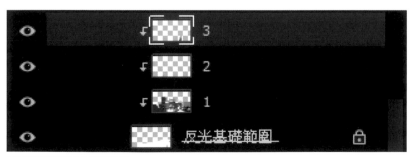

圖A-26 使用剪裁遮色片來繪製反光

選擇所有用於反光的圖層（這次是四個圖層），從選單列點選［圖層］→［群組圖層］，將這些圖層統整為一個群組。然後調整這個圖層群組的不透明度，使其融入畫面。這次我將不透明度設為40%。另外也可以將圖層混合模式更改為［覆蓋］或［濾色］，視畫面的情況嘗試各種方法，摸索出理想的效果。

圖A-27 地面的反光（倒影）完成

追加招牌與裝飾

追加更多物件。

招牌與室外機等配件是表現世界觀的便利道具。請觀察整體的平衡，逐步追加物件吧。

這次我覺得上半部的格子狀構造有點缺乏分量，於是在重點處配置了招牌與機械類的物件。畫面近處如果也有與遠處相同的東西，就可以深入描繪細節，讓觀看者知道遠處有什麼物件。因此，我在近處也配置了類似的機械類物件。

在這個階段，我將天空的色彩數從線性漸層降低到四個階調。天空有了明確的配色，安排畫面的照明時就不會猶豫不決。從這裡開始，我會以天空的色調為基礎，大致預測成品的氛圍，繼續描繪下去。

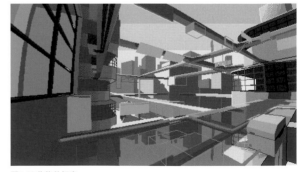

圖A-28 為物件打底

描繪物件時，首先要畫出形狀的底稿。然後，考量光影的影響，塗上整體的顏色。填色之後，暫時縮小畫面，確認物件在整個場景中會不會顯得突兀。確認後，如果沒有問題就繼續描繪細節。同時也要處理剛才打底時畫好的線條，使其融入物件。

這次由於照明的關係，本來有些地方是不會有亮面的，但我在這些地方的邊緣處刻意加上了亮面。這是為了避免物件沒入陰影而變得不顯眼，並且強調邊緣的銳利感。

最後在側面加上來自綠色玻璃的反光。

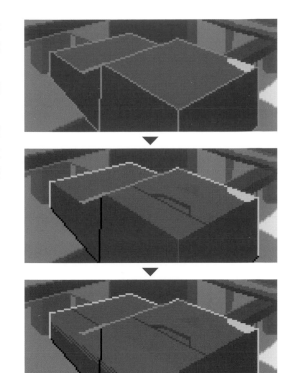

圖A-29 為每一個物件追加細節

同樣在考量照明的情況下描繪細節，並且進一步畫上更多物件的底稿。

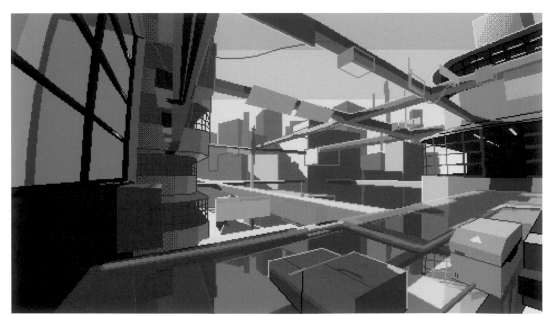

圖A-30 追加更多物件

管線、電燈、招牌的文字與汙漬等零碎的要素可以輔助說明世界觀。我會不斷擴展自己腦中的世界觀,自由地追加物件。

東加西加的過程太過於開心,有時候會忘了顧及整個畫面,所以作業時要隨時留意整體構圖的平衡。

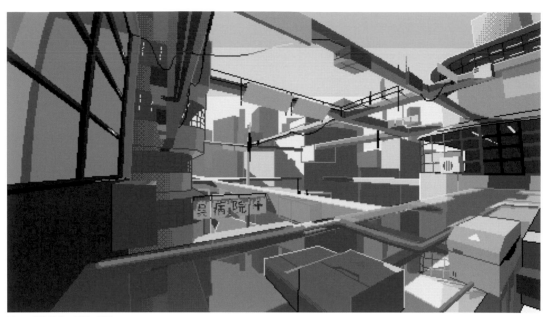

圖A-31 追加管線、電燈、招牌

我也在近處的物件與地面上追加了刮痕。深入描繪近處的細節,整個畫面就會給人更加華麗的印象,也可以增加深度。

在追加物件與細節的過程中,色彩與形狀互相重疊,使得近景與中景混在一起,所以我替近景加上輪廓線,使它更加突出。善加利用輪廓線就可以強調物件的存在感,但畫得太過火也有可能喪失立體感與真實感,所以描繪的位置要經過謹慎的考量。

如果加上輪廓線之後,形狀變得太過突兀,也可以

透過調整線條顏色的方式來使其融入背景。舉例來說,從上方的格子狀構造的左方邊緣部分就看得出來,這裡的邊緣不是使用白色,而是使用橘色的輪廓線。如果使用白色,與深藍色背景的對比差異就會讓它比鄰近的左側牆壁還要靠近鏡頭,所以我將顏色調整為橘色。

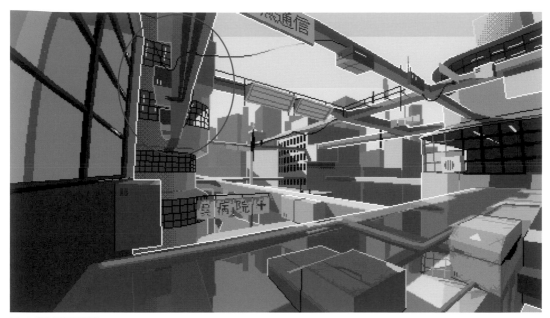

圖A-32 調整細節與輪廓線

為了進一步強調世界觀，我追加了大樓的窗戶與隨風飄揚的紅色布條；由於大樓內部缺乏立體感，所以我追加了日光燈的光，強調建築構造的立體感。使用電燈等顯眼的物品來表現內部構造，就能以簡易的步驟營造立體感，是十分有效的方法。另外，搭配玻璃與窗框等物件就能進一步掌握立體感，使觀看者更容易理解構造，所以我會合併使用這些手法。

圖A-33 深入建構世界觀

描繪角色

開始描繪角色。

首先要打底。只畫輪廓就可以了，請試著畫出幾種版本，選擇自己覺得滿意的版本。想要怎麼擺放角色都沒問題，但如果主角是背景而非人物，最好可以選擇動態較弱的穩定姿勢。

相反地，如果主角是人物而非背景，就不該按照這次的步驟，而是在描繪背景之前就先決定角色的姿勢與構圖。

這次的作品是以背景為主，所以到最後才開始描繪角色。

圖A-34 為角色打底

畫好角色的底稿後，開始進入填色的步驟。如果成品不如預期，可以試著重畫姿勢的輪廓。

這次，右側的角色在輪廓階段是面向深處，但與我想像中的畫面有點落差，所以最後我決定讓她面向鏡頭。如果整體的平衡看起來沒有問題，就可以繼續描繪細節。

圖A-35 為角色填色

描繪衣服皺褶與陰影,為角色賦予立體感。

另外,眼睛是描繪角色時很重要的部位,所以我會在過程中反覆進行調整。我想盡量畫得仔細一點,所以在眼睛上使用的色彩數會比其他部位更多。

圖A-36 深入描繪角色

深處的角色比近處更小,所以能描繪細節的地方並不多。眼睛的部分也只能用少少的幾個像素來描繪單側眼睛。因此,比起瑣碎的細節,我在描繪時更重視遠看的整體感。

圖A-37 深入描繪角色

調整

色彩調整

開始調整色彩。

這次我使用［曲線］來調整明度，使用［色彩平衡］來調整不同顏色範圍的色調。請找出自己心中最滿意的色調。色調可以展現創作者的個人特色。使用［色相／飽和度］或是［漸層對應］也是一種方法。

不管要花多少時間都沒關係，請自由自在地嘗試各式各樣的顏色。我會在這個步驟投入許多時間。這次我稍微錯開了整體的色相，使用［色彩平衡］將暗面調整得偏藍，將亮面調整得偏紅，提高顏色的彩度。

圖A-38 調整色彩

我為角色加上輪廓線，並追加陰影與地面的反光。

輪廓線就如同其他物件的邊緣，是為了凸顯角色才加上的效果。另外，在地面追加陰影就可以讓角色與地面之間產生著地感，使角色融入背景。

圖A-39 追加輪廓線與陰影

追加特效

為了讓整幅畫更有魅力，最後完稿時再加上特效是很有效的方法。例如鏡頭光暈、懸浮粒子、色差等。雖然只是一點小工夫，卻能大幅提升作品的魅力，所以最後請考慮追加特效。

這次為了表現風的流向，我在畫面中加上飛散的懸浮粒子。我配合紅色布條的飄動方向，追加從畫面遠處飛到近處的白色灰塵。

特效追加完成之後，最後要再調整一次色彩。這次我再度調整色相，使整體色調稍偏粉紅色。除此之外，我也調整了彩度和曲線，稍微提高中間調的明度。

這樣就完成了。

圖A-40 追加懸浮粒子並進行最終調整

轉存

轉存完成的檔案。

轉存為PNG格式就可以保留原本的色調。首先從選
單點擊［檔案］→［轉存］→［儲存為網頁用］。

圖A-41 儲存為網頁用

顯示轉存畫面之後，將轉存的檔案格式設定為
［PNG-24］。

目前的解析度太低了，所以要視情況使用［百分
比］來更改尺寸。這個時候，請務必將放大值設定
為兩倍（200%）或三倍（300%）等整數，否則就會
發生像素模糊的情況。

然後從［品質］選擇［最接近像素］。如果不是使用
「最接近像素」來放大，就會變成消除鋸齒過的模
糊影像，失去描繪點陣圖的意義。

完成轉存的設定後，按下［儲存］按鈕，轉存就結
束了。

圖A-42 ［PNG-24］的轉存設定

TIPS

轉存為 GIF 格式時，也要注意同樣的轉存設定。

關於 GIF 的轉存，請參考圖 A-45 的設定畫面。

尺寸當然也可以視情況放大為整數倍。

特別是混色的部分，如果不設定為［無混色］，就有可能出現不在意料之中的鋪磚模式或雜訊，所以請特別注意。

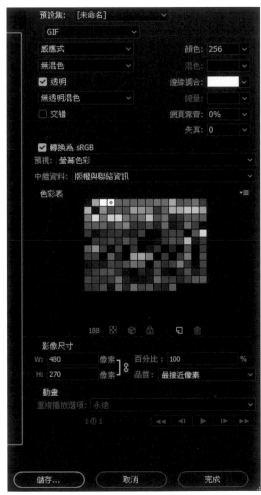

圖A-43 ［GIF］的轉存設定畫面

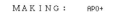

ULTIMATE PIXEL CREW REPORT

MAKING

Title:　繪製過程　MOTOCROSS SAITO

MAKING:MOTOCROSS SAITO

TOOL:PHOTOSHOP / ILLUSTRATOR

構思

在開始繪畫之前，首先要思考自己現在究竟想畫什麼。

我平常就會隨手記下觸動自己心弦的創作靈感。我個人認為，創作幾乎是不可能無中生有的，所以「觀察」就是一件非常重要的事。

這次的作品靈感是我在搭巴士時想到的點子。就像這樣，觀察日常生活中的細節便能有所發現，有時候也能從網路上的許多優秀作品裡得到啟發，所以請試著從這些管道獲得靈感吧。

察覺 · 發想 · 事前調查

這次的靈感來自巴士起步的那一刻,電燈一瞬間熄滅,而這一瞬間的空間變化使「巴士」這個異樣空間變得更加神祕的感受。

於是我決定要描繪夜晚的巴士內部。因為我覺得如果能重現我感受到的氛圍,那應該會很有趣。

決定想畫的東西之後,就開始調查題材的相關資料。

了解想畫的東西就可以培養熱情,有了熱情也更容易描寫該物體的優點。在事前調查的階段,我會儲存許多可作為參考資料的圖像。只不過,如果挖掘得太過深入就會沒完沒了,所以我會適可而止,然後進入下一個階段。

草稿

構思到一定程度後,我會拿出紙筆。不論用什麼都可以,請準備能畫草稿的工具。我基於簡便又容易與「Adobe Photoshop」(以下簡稱 Photoshop)互相支援的理由,使用的是 iPad 的「Procreate」這款應用程式。

故事設定

按照前面描述的構思,我想像自己想畫的東西,提筆在紙上塗鴉或寫字。

我為作品中登場的人與物賦予意義,建構出一個故事。

登場的人與物

我設定了「狀況」與「有誰在」的故事,同時為這些人與物賦予意義。這次的作品有幾個乘客坐在安靜的夜間巴士上,燈光很昏暗,由於是返家或通勤的途中,所以整個畫面瀰漫著疲倦的氛圍。可是巴士的內裝有過多的原色,所以只有色調看起來特別華麗。這次我想表現的主要重點是巴士的內裝,所以會將巴士與人以外的描寫縮減到最低限度。我將其他的要素設定為「少量的廣告」、「外面的燈光」、「窗戶的倒影」等等。

人與物的意義

同時,我也會為這些人與物賦予特定的效果等意義。就算有點含糊不清也沒關係,有了意義就不容易中途停筆。

這次的作品利用窗戶的倒影和外面的燈光,表現了車內的靜止空間與車外的動態空間所造成的落差與奇妙感。

配置廣告是為了營造作品與現實之間的連結,配置人物(乘客)則是為了視線誘導與現實感。在這個階段,我先大致決定了人物的位置。這次的作品並沒有在角色設定上著墨太多,但如果是以角色為重點的畫,我就會在這個階段進行更進一步的設定。

建構

決定要畫什麼之後，開始量產草稿的速寫。思考要將先前在故事設定的階段想到的人與物編排在畫面的什麼地方，以及想呈現的效果。

速寫、畫面編排

首先思考畫面編排，隨意配置人與物。這個時候的重點不是畫出漂亮的圖，而是畫出大量的速寫。運用構圖和透視的技巧，決定要將物件配置在畫面上的什麼地方。這次我利用人與物的編排，引導觀看者的視線從畫面左側移動到中央。

構圖

為了使編排好的畫面成為有效的構圖，微調物件的位置或尺寸。這個時候也要注意透視感。這次的題材大多是靜態的物件，配置與空間也有對稱的傾向，所以為了避免畫面變得太單調，我稍微錯開了中心點，加強左半部的比重。

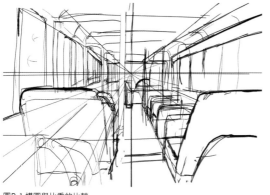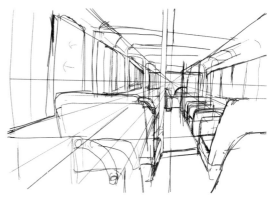

圖B-1 構圖與比重的比較

透視感

進行前面的兩個步驟以後，構圖應該已經有了一定的透視感。接下來要以此為指標，進一步決定透視感的細節。這次的作品是將一點透視法的中心點稍微錯開，在畫面外設定另一個消失點，所以是相當寬廣的二點透視法（最後甚至追加了上下的透視，改為三點透視法）。我不打算呈現過於戲劇化或俯瞰的感覺，所以將視平線設定在眼睛的高度。

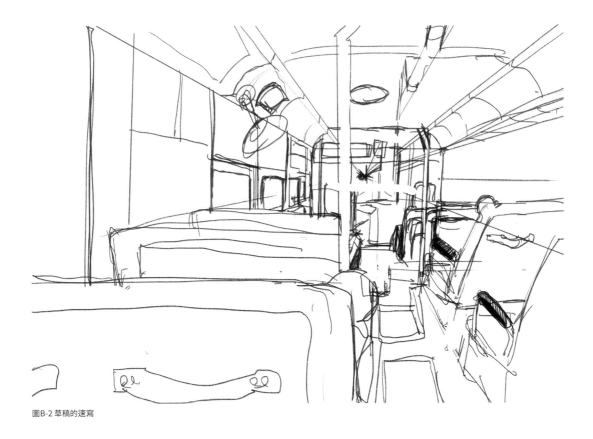

圖B-2 草稿的速寫

色彩

現在要決定配色的方向。使用手繪工具也可以，但我比較推薦使用能輕鬆修改的數位軟體。這個階段也不必畫得太過於嚴謹，畫出大致的方向即可。

基礎色

首先要決定一幅畫中的「基礎色」。這裡所說的基礎色，指的是一個空間裡的灰色所呈現的顏色（關於「固有色」的解說，請參照 Chapter 7「光線、陰影」）。這並不是指實際的灰色，而是創作者自行為每一幅畫設定的灰色。以這個主觀的灰色為基準來設定其他的顏色，就能維持整體色彩的平衡。

這次我選擇了青色混合少量黃色的顏色，以RGB而言就是藍色混合少量的綠色，使用它來替灰色的空間上色。

圖B-3 基礎色（專為這次作品設定的灰色）

色彩空間

以設定好的灰色為基礎，決定其他的相對色彩。

這次的作品根據設定好的灰色，整體的色調會偏向藍色調較強的藍綠色。因此椅子的顏色會混入少量的綠色，扶手的橘色也同樣會改變。另外，我會在這個階段決定亮面附近與暗面附近的色調。我想用乾淨的白光來表現亮面，所以受到巴士內的日光燈直接照射的部分會呈現物體本身的固有色。暗面則設定為偏綠的色調。

到了這裡，就能夠確定整幅畫的氛圍。如果將色彩空間設定得接近現實世界，就會變成類似照片的作品；反之，如果將基礎色設定為現實世界不可能出現的顏色，加強色彩的變化，就會變成帶有奇幻或戲劇化氛圍的獨特作品。這次我比較重視介於兩者之間的沉穩氛圍，而且單純喜歡類似孔雀綠的色調，於是選擇了這個顏色。

圖B-4 色彩草稿

光線的方向

這個時候也要意識到光源。我會在這個階段就畫出來自光源的光線。想要嚴謹一點的話，選色時就得考慮每個物件受光線照射的影響；如果不想花太多工夫，可以使用混合模式設為覆蓋的圖層，選擇比

明度50％的灰色稍亮一點的顏色，描繪上方的光源照射到的部分。描繪時意識到光源就能營造立體感，使後續的步驟更加輕鬆。

流程的建立與參考資料的蒐集

根據這時候草稿中的物件數量及複雜程度，繪畫流程會有所不同。

物件數量、軟體選擇

這次的畫中有許多沿著透視線排列的物件，所以我選擇使用容易拉出直線的「Adobe Illustrator」（以下簡稱 Illustrator）。這麼做單純是為了節省時間，所以略過這個步驟也無妨。

物件數量少的情況下，我經常會直接用 Photoshop 開啟草稿，設定好版面尺寸後就直接在上面描繪點陣圖。即使是物件較多的情況，如果配置得太過雜亂，使用 Illustrator 的作業也會變得很複雜，所以我仍然會直接用 Photoshop 開啟。

參考資料

到目前為止都是草稿階段，所以能隨意描繪，但接下來就需要正確的情報（資料）了。這次我要蒐集的是關於巴士構造與尺寸的相關資料。如果能直接描繪就不需要參考資料，但如果是畫人工物，光靠想像很容易缺乏說服力，所以我會盡量蒐集資料。

找資料的技巧

網路是很寬廣的，可以找到一定程度的情報。我會使用 Pinterest 或 Google 的圖片搜尋功能來找資料。過程中往往會碰上找不到圖片資料的情況，如果無論如何都需要該物件的參考資料，我會親自到現場拍攝，或是進行速寫。我這次的作品是以名古屋市的巴士內部為藍本，所以親自到當地取材了幾次。

圖B-5 巴士窗戶的參考資料

圖B-6 巴士空調的參考資料

圖B-7 巴士座椅與牆壁邊緣的參考資料

圖B-8 巴士座椅背面的參考資料

物件設計圖

盡量蒐集各種角度的圖片，就能了解物件的細節，以及它的存在方式。色彩資訊會在繪畫的過程中重新建構，所以能暫時忽略一部分。另外，如果能找到設計圖會十分方便。設計圖能在掌握尺寸或使用Illustrator作業時派上用場，所以我會積極尋找設計圖。

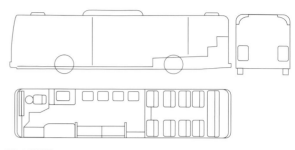

圖B-9 設計圖

TIPS

「PureRef」是一款可以將大量的參考資料，也就是參考圖片整理起來，供使用者隨時瀏覽的應用程式。它能將任何圖片統整在一個畫面中，省去每次瀏覽圖片都要另開視窗的麻煩，讓使用者可以專心在繪畫上。在螢幕上隨時開啟這個程式是很方便的。

圖B-10 PureRef的畫面

MAKING

Illustrator

使用 Illustrator 的好處是可以支援 Photoshop，將 Illustrator 的向量圖[*1]轉換成沒有消除鋸齒的柵格圖[*2]。

*1 向量圖…以座標構成的圖像格式。圖像並不會因為放大或縮小而失真，所以經常使用在印刷上。
*2 柵格圖…以像素構成的圖像格式。照片與點陣圖基本上都是由柵格圖構成的。

設定

建立工作區域

首先要設定畫面的尺寸。新增文件，將［色彩模式］設為［RGB］，將工作區域的尺寸設為［寬度］480px，［高度］270px。

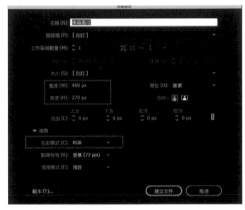

圖B-11 Illustrator的文件設定

解除對齊像素格點

建立好工作區域後，點擊右上角的「對齊像素格點」圖示，將它關閉。如果找不到「對齊像素格點」圖示（沒有控制列）的話，將選單的［視窗］→［控制］打勾就會顯示。

圖B-12 像素連接的設定

解除靠齊格點

接著從主選單點擊［檢視］→［靠齊格點］，將它解除勾選。

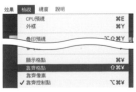

圖B-13 解除靠齊格點

透視格點工具

Illustrator的透視格點工具是一種可以重現透視場景的工具。

設定透視法

首先要決定使用幾點透視法。這次為了講求簡單，一開始是採用一點透視法，但事後還會再更改整幅圖像的比例，在畫面的下方與兩側也設定消失點，所以最後的成品是三點透視法。

從主選單點選 [檢視] → [透視格點] → [單點透視] → [單點-一般檢視]。

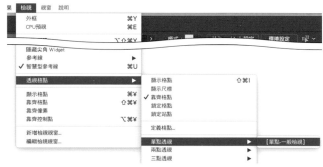

圖B-14 設定透視法

設定消失點

準備完成後新增圖層，將畫好的草稿放到工作區域上。放好草稿後，按下圖層名稱左邊的鎖定按鈕，將圖層鎖定。

按下 [Shift] ＋ [P] 鍵，顯示 [透視格點工具]，按照草稿的線條設定消失點。

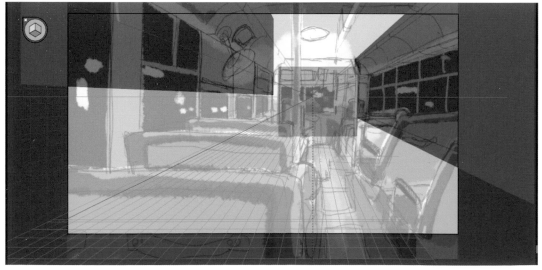

圖B-15 設定消失點

描繪物件

使用功能與工具的簡介

在開始描繪物件之前，首先要介紹這個步驟會使用到的主要功能與工具。另外，這裡介紹的用法基本上都是以［透視格點工具］的使用狀態為準。

■ 矩形工具、橢圓形工具

［矩形工具］和［橢圓形工具］可以描繪並配置（移動）物件。

使用［透視格點工具］的時候，選擇［矩形工具］或［橢圓形工具］再按著［Command（Ctrl）］鍵[*1]並移動物件，就可以在移動的同時保持遠近感。若是使用［選取工具］或［直接選取工具］就無法保持遠近感，而是以原本的形狀移動，請注意。

另外，在［透視格點工具］按著［5］鍵移動物件，就可以使物件在深淺的方向上移動。

*1 關於鍵盤的標示⋯由於這篇繪製過程的解說是以macOS為基礎，所以使用Windows的讀者請分別將「Command」替換為「Ctrl」，將「Option」替換為「Alt」。

■ 鎖定與顯示／隱藏

將暫時不用的圖層或物件設為鎖定或是顯示／隱藏，就可以單獨確認特定的物件。另外，這麼做也能減少失誤，所以請積極使用。

- **[Command（Ctrl）] +［3］鍵**：隱藏物件
- **[Option（Alt）] +［Command（Ctrl）] +［3］鍵**：顯示隱藏物件
- **[Command（Ctrl）] +［2］鍵**：固定物件
- **[Option（Alt）] +［Command（Ctrl）] +［2］鍵**：解除固定物件

■ 複製／貼上

複製／貼上經常使用在各種情況，［貼至下層］與［貼至上層］則可以活用在複製物件的平行移動上。

- **[Command（Ctrl）] +［C］鍵**：複製選取的物件
- **[Command（Ctrl）] +［V］鍵**：貼上選取的物件
- **[Command（Ctrl）] +［F］鍵**：直接貼到所選取物件的前面
- **[Command（Ctrl）] +［B］鍵**：直接貼到所選取物件的後面

物件的描繪與配色

那麼接下來就要實際描繪物件了。過程中，我會將各物件或不同的區域（近景、中景、遠景等深度差異或面的重疊等等）區分成不同的圖層與群組。
首先將物件分成「受光面」、「陰影面」、「中間面」等三個部分來描繪。主要使用的是［透視格點工具］、［矩形工具］和［橢圓形工具］。在選擇這些工具的情況下按下［1］～［4］鍵，描繪的面就會改變，請有效活用。

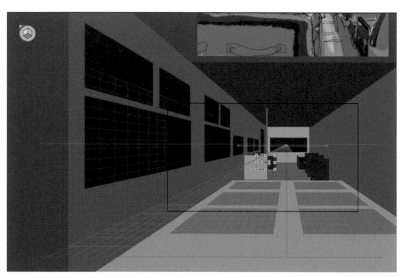

圖B-16 使用［矩形工具］描繪並配置物件

一邊描繪並配置物件，一邊想像光源與光源的反光，選擇能營造立體感的顏色。這次作品中的光源位於巴士頂端的不同位置，所以配置每個物件時都要考慮光線的照射方式。另外，同樣形狀的物件可以再複製，所以只畫一個即可。關於光源的概念，請參考 Chapter 7「光線、陰影」。

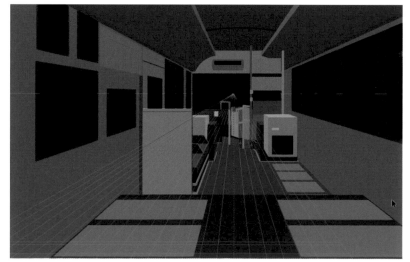

圖B-17 在配色的同時考量光源

POINT

如果手邊有設計圖的資料（三視圖等），我不會使用［透視格點工具］，而是在普通的模式下使用［鋼筆工具］與［矩形工具］，沿著設計圖描線。以［Command］＋［G］鍵將它設為群組後，再使用［透視格點工具］配置於立體面。這麼做可以畫出物與物之間的準確比例，增加作品的真實感。

如果無法取得設計圖，那就自行決定單一物件的尺寸，再以此為基準，決定其他物件的尺寸吧。

圖B-18 按照設計圖畫出的巴士內部

複製

描繪相同形狀的物件時，使用複製功能可以提高效率。在選擇［透視格點工具］、［矩形工具］的情況下按著［Command］＋［Option］鍵並移動，就可以進行複製。另外，移動時再加上［5］鍵，就可以往深淺的方向進行複製。如果想讓多個物件呈等間隔排列，按下［Command］＋［D］鍵就能重複執行上一個動作。

使用這些功能，複製出多個物件。座椅的造型幾乎都是相同的，所以用起來十分方便。

圖B-19 複製座椅

目前的一點透視法在構圖上沒什麼變化，缺乏真實感，所以我按照當初預計的做法，用變形來營造直向與橫向的透視，增加消失點。

以［選取工具］選取所有的物件，再選擇［任意變形工具］，按著［Command］鍵拖曳邊框，使物件變形為適當的比例。

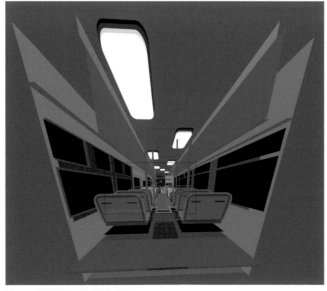

圖B-20 以任意變形工具使物件變形

POINT

使用［透視格點工具］的特性是，愈接近消失點的面就愈小，但線條會維持同樣的粗細。描繪時有必要理解這個特性，視情況運用線與面。

舉例來說，面的尺寸會根據深淺而改變，所以適合描繪細節，但配置在深處的細小的面一旦放到Photoshop就有可能會被壓縮而看不見，所以需要特別注意。

另一方面，在Illustrator設定為1pt的線放到Photoshop時，不論多麼靠近消失點都仍然是1pt的線，所以小到會使面消失的物件就適合用線來描繪。可是，正如前面所述，線的粗細並不會根據深淺而改變，如果用線來描繪近處的物件，就有可能影響尺寸的視覺比例；而且消失點附近的物件若是以複雜的線組成，放進Photoshop時就會產生線條的重疊，讓畫面失真。

轉存為Photoshop格式

區分圖層

基本上，我會在描繪的過程中區分圖層，但轉移至Photoshop之前，我還會再次進行整理與區分圖層的步驟。這個步驟會影響到Photoshop的後續描繪是否方便。具體來說，將圖層整理成容易管理的量是很重要的。分出太多圖層的話，管理起來會很辛苦，所以我建議大家以幾個物件為單位區分圖層。

另外，進入Photoshop時並不會轉移Illustrator隱藏的圖層，所以請使用圖層的顯示／隱藏功能或

［Command］＋［3］鍵，整理好圖像。

整理完畢後，最後要在顯示圖層的最上方（最前面）新增圖層，配置一個與工作區域相同尺寸的長方形。這個長方形就是Photoshop的版面尺寸。

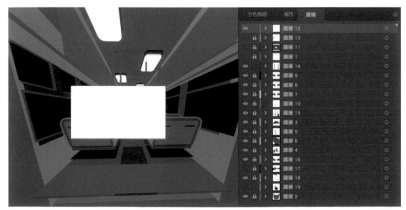

圖B-21 區分圖層並配置長方形

轉存

區分圖層與配置長方形的步驟完成後，開始將檔案
轉存為 Photoshop 格式。

點擊主選單的［檔案］→［轉存］→［轉存為…］。
跳出轉存對話框之後，輸入適當的檔案名稱，將
［格式］設定為「Photoshop（.psd）」，按下［轉
存］按鈕。

圖B-22 轉存對話框

在跳出的轉存選項中，將［色彩模式］設為［RGB］，
消除鋸齒設為［無］，描述檔不須更改，然後執行
轉存。這個檔案就是點陣圖的基礎。

圖B-23 轉存選項

Photoshop

使用 Photoshop 開啟從 Illustrator 轉存而來的 PSD 檔案。

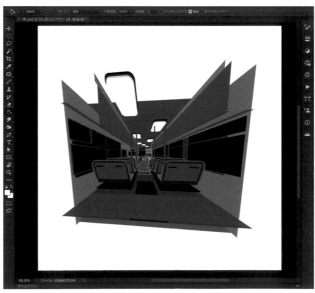

圖B-24 以Photoshop開啟的狀態

設定

事前與過程中的設定

用 [Command] + [K] 鍵開啟偏好設定,將 [工具] 項目的 [過度捲動] 打勾。然後,點擊主選單的 [檢視] → [顯示] → [像素格點],將它解除勾選。

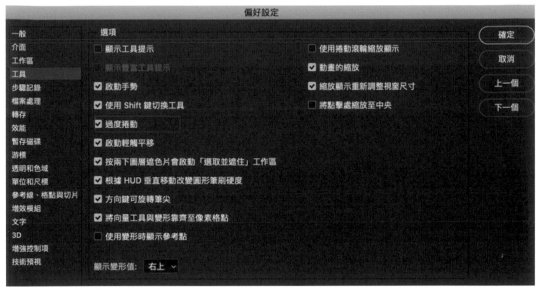

圖B-25 Photoshop偏好設定

過程中(使用工具等時候)頻繁出現的 [消除鋸齒] 核取方塊必須全部取消勾選。

圖B-26 消除鋸齒

執行變形或轉存的時候,請將圖像的取樣方法設定為 [最接近像素]。

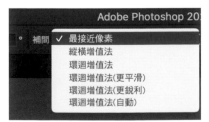

圖B-27 設定取樣方法

正式描繪所需的設定

選擇在 Illustrator 進行轉存之前畫好的長方形的圖層，使用［魔術棒工具］選取該物件以外的範圍。

接著新增圖層，使用［油漆桶工具］將選取的範圍填滿灰色。這麼做可以把範圍外（版面外）遮住，事先畫好範圍外也可以因應版面尺寸的變更與修剪。

另外為了標示出最終的版面尺寸，我新增了圖層，

用紅框作為參考線，將這個區域圍起來。除此之外，開啟的 PSD 檔案是將各個物件設為群組，但不需要區分的群組可以點陣化，統整為一個圖層。

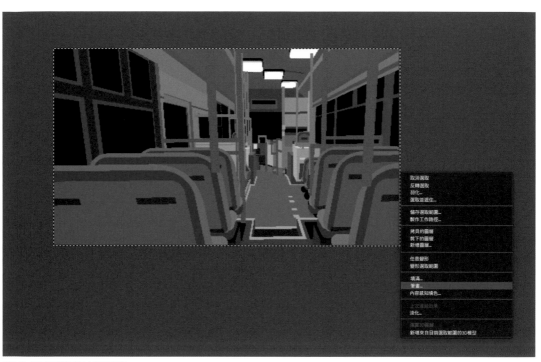

圖B-28 設定最終版面尺寸與參考線

色彩調整

現在要使用［油漆桶工具］與各種［調整圖層］來調整色彩。這個時候的色調會影響成品，所以要多花點時間。

從主選單的［視窗］→［調整］叫出調整圖層視窗，選擇需要的調整圖層。透過［亮度／對比］、［色階］、［色相／飽和度］、［顏色查詢］等功能，調

整到自己滿意為止。完成理想的色調後，複製調整圖層，分別與各圖層合併，確定調整結果（有多少圖層就需要複製多少調整圖層）。

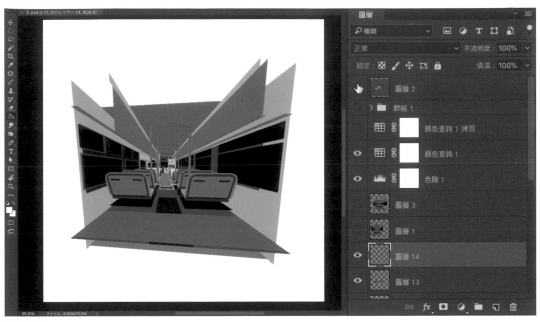

圖B-29 調整

使用筆型工具指定消失點

使用［筆型工具］來設定描繪細節與陰影時所需的消失點。配合畫面中的透視，用筆型工具畫線，得出消失點。

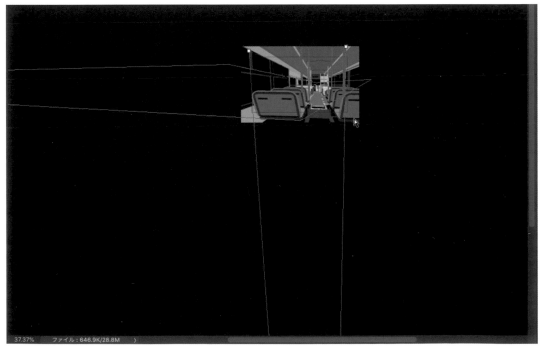

圖B-30 使用筆型工具指定消失點

正式描繪

接下來就要開始描繪點陣圖了。從什麼地方著手都沒問題，但從主要物件開始描繪的話，成品大多會比較協調。這次我決定晚點再開始畫角色。

過程中使用的是1px的［鉛筆工具］。［橡皮擦工具］也要從上方的下拉式選單更改為鉛筆的設定。

一旦進入正式描繪的階段，大致描繪與細節描繪的作業就會混雜在一起，實際上並沒有一定的順序。畫好某處的細節後，我會再回去描繪其他物件的大致造型，不斷重複同樣的步驟。

大致描繪

窗戶的細節並沒有在Illustrator畫好，所以要在Photoshop描繪。廣告的位置等部分也是在這個階段決定。

按著［Shift］鍵點擊線的兩端，就可以畫出漂亮的直線。這裡不會解說作圖的方法，但每種物件都有五分或等分等最適合的畫法，所以要按照作圖的方法，拉出窗戶附近的線條。

圖B-31 大致描繪：左側窗戶附近

圖B-32 大致描繪：分割線

追加不足的景物

開始描繪按鈕和扶手等這個階段注意到的景物。我會比對先前蒐集的參考資料，繼續描繪。先用中間色的鉛筆畫出輪廓，再加上亮面與陰影，就能表現立體感與細節。也要考慮這個時候畫好的物件造成的反射光，為基礎的部分加上其他色調。

圖B-33 追加物件：鏡子

圖B-34 追加物件：上方的扶手

單純化・點陣圖

要以點陣圖重現深處的物件細節是有極限的,所以現在要進行單純化的步驟。能用單色來表現的東西就盡量用單色來表現。不過還是要營造立體感,所以我會在這個部分分配較多的色彩。

深處的文字與繩子等東西只用最簡略的手法來表現。我會以點陣圖的標準,畫出漂亮的線條。愈深處的細節就愈簡略,所以這個部分也能表現出懷舊的點陣圖風格。如果懂得運用漸近化,就能畫出更有魅力的效果。

圖B-35 深處部分的描寫

物件的細節

考慮不同物件的材質,表現出立體感。描繪大範圍的光滑曲面時,我會細分不同的顏色。這次我不想太過依賴鋪磚模式,所以會盡量以色彩的變化來表現光影的轉換,就算是有點勉強的地方也會積極使用。

圖B-36 追加鋪磚模式

■ 注重光源的陰影呈現

注意光源的方向,加上陰影。這次有許多日光燈的線光源組成面光源,所以我會選擇明暗差異不大的顏色。

圖B-37 有無陰影的比較

■ 亮面

構成物件的面之中最靠近光源的部分，以及曲面等光線集中的面，都是除了光源以外最亮的地方。我會在這裡畫上彩度與明度較高的顏色（最亮為白色）。物件的亮面會因材質而異，描繪時必須注意這一點。

圖B-38 深入描繪座椅的扶手部分（亮面與倒影）

■ 陰影的擴散

多個面光源會使光線擴散，所以陰影的界線會比較模糊。若使用色相差異太大的顏色來描繪亮處與暗處，就容易顯得太過厚重，所以我會畫上色相稍有不同的顏色。

圖B-39 鏡子造成的陰影

圖B-40 座椅扶手造成的陰影

角色

■ 設定

由於角色的設定還缺乏刻劃,所以要從現在開始進行詳細的設定。在角色與情境方面,我將她設定成一位戴著耳機,沉浸在自己世界中的女孩。除此之外,我也將角色的背景設定為一個人住的女性,搭乘最後一班巴士返家,臉上帶著疲憊且無精打采的神情。

以我個人來說,平常如果沒有特別的想法,畫出來的人物造型就會偏向街頭風格,而這次的角色也一樣。耳機基於個人喜好,型號是HD25。

■ 速寫

考慮到畫面的構成與透視的正確性,為了讓角色所坐的位置可以融入背景,首先要畫出參考線與椅面的位置。

圖B-41 角色的描寫:位置的安排

描繪角色的輪廓線，直到表現出滿意的線條為止。具體的做法是不斷地修修補補，漸漸畫出輪廓線。

圖B-42 角色的描寫：草稿

輪廓線夠明確之後，就改用 2 ～ 3px 的［鉛筆工具］來描繪色塊。這時候的顏色會依周圍的光線而改變，所以選色時必須考量到這一點。

圖B-43 角色的描寫：上色

■ 細節

以臉部為中心，開始深入描繪。這次的角色只露出頭部和肩膀，所以描繪細節時要著重在眼睛與視線。如果視線太集中在前方，誘導的力道就會過於強烈，所以我刻意將眼神畫得有些心不在焉。

圖B-44 角色的描寫：追加細節

■ 追加配件

追加其他配件。身上穿戴的東西能展現角色的性格與特徵，所以必須仔細描繪。這次我追加了頭上戴的耳機和手上拿的智慧型手機。

圖B-45 角色的描寫：追加配件

倒影

在窗戶與地面上描繪倒影。雖然地面會有一定程度的倒影，但表面基本上是有點粗糙的，所以倒影並不像鏡子一樣清晰。我使用圖層遮色片和鋪磚模式，以馬賽克狀的圖案來描繪有倒影的部分與沒有倒影的部分，模擬出類似的質感。

窗戶的倒影是另外新增［覆蓋］模式的圖層再描繪的。座椅等形狀相同的物件是採取先複製，然後再修改並配置的方法。

圖B-46 窗戶與地面的倒影

光暈效果

我希望整個畫面散發著有點朦朧的發光感，所以描繪了肉眼可見的光（光暈效果）。
在一開始標示了版面尺寸的參考圖層下方新增圖層，將［混合模式］設為［覆蓋］。然後用大尺寸的筆刷與［明亮］50%～70%的顏色，在光源周圍與一次反射面畫上光暈。

圖B-47 追加光（光暈效果）

完稿

最後再檢查一遍,確認是否有什麼疏失。檢查時經常可以找到不必要的線或是忘記擦掉的雜質,所以要把這些雜質擦掉,並確認是否有什麼東西忘了畫。

如果沒有問題,最後要使用［調整圖層］來調整色調,同時進行最終確認。由於持續觀看同一幅畫很

長一段時間,這時候的感官已經變得遲鈍,所以要暫時重置自己的感官,然後再檢視一次作品。

用調整圖層更改顏色之後,有時候看起來似乎比較好,但也有可能不如原本的色調,因此判斷時要格外小心。

調整為理想的狀態後,作品就完成了。

轉存

使用［裁切工具］,配合一開始設定的版面參考線,進行裁切。

從主選單點選［檔案］→［轉存］→［儲存為網頁用］。

在視窗的設定項目中選擇［PNG］或［GIF］(若作

品為動畫則選擇GIF),然後將［顏色］[1]設定為［256］,並將［品質］設定為［最接近像素］,按下［儲存］按鈕。這樣就完成轉存了。關於轉存的詳細內容,請參考「繪製過程 APO＋」的「轉存」(PAGE:130)。

*1 只有在選擇［PNG-8］或［GIF］的情況下會顯示［顏色］的設定項目。

ULTIMATE PIXEL CREW REPORT

MAKING

Title: **繪製過程　SETAMO**

MAIKING：SETAMO

TOOL：CLIP STUDIO PAINT

構思

尋找靈感

在剛開始繪製作品的階段，我會先列舉想畫的東西。獲得靈感的方式因人而異，我本身經常從生活中的小事、幻想自己心目中的房間時，或是最近影響自己的作品中獲得靈感。腦中浮現什麼點子的時候，把它簡單記錄下來，往後要利用這些要素來進行聯想時就派得上用場了。

MAKING

進行聯想

進行聯想的過程有各式各樣的方法，不同的作品也會有不同的模式。這裡將介紹我經常使用的兩種方法。

想描繪的題材

第一個方法是先決定想畫的題材。舉例來說，如果想畫有水槽的作品，我就會思考以水槽為主角的畫面要怎麼呈現才會比較有魅力。
我會思考如何把主要的題材傳達給觀看者，並同時決定周圍的景物與照明等細節。就像這樣，我經常是一邊摸索主要題材與次要題材是否符合自己想表達的氛圍，一邊建構出作品。

實際開始繪製的時候，我也會隨時留意主要題材的吸引力是否足夠，能否充分表現其他題材（地板的倒影、從窗戶照射到室內而反射的光線等等）各自的魅力，漸漸描繪出心中的畫面。

想描繪的情境

第二個方法是先決定想畫的情境，我經常在角色肩負重要職責的情況下使用這個方法。
首先決定角色「正在做什麼」的情境，然後大致設定角色的背景和性格等人物特質，並同時挖掘想畫的題材。接下來，透過設定好的角色和周圍的景物來說明角色的背景和當下所處的情況，組織出一幅

畫面。
這次作品的構想就是使用從情境開始發展的方法。

尋找參考資料

決定整幅畫的主題和方向之後，要在這個階段蒐集可能需要的資料。如果畫面中有角色，我就會蒐集髮型、服裝等關於角色外觀的圖片，作為角色設計的參考。在一知半解的情況下描繪陌生的東西，就一定會畫出缺乏說服力的作品，所以我會盡量蒐集

具體的資料，這樣不只能提升說服力，也能使後續作業（特別是草稿等）更加有效率。

確認構思

經過一番構思，到了能大致想像成品的階段，我會將作品先放置一段時間，之後再重新檢視一遍。
在這個步驟，我會先尋找與自己想畫的作品有著類

似氛圍的畫或照片。以蒐集而來的參考資料為基礎，重新琢磨自己的構思，就能畫出更深入主題的作品，所以有餘力的時候，我會重複這個步驟直到

滿意為止。

繼續從大主題拓展到細部設定，明確地決定要如何

描繪什麼樣的東西。

這次的繪畫主題

這次我想像的是一個女孩在車站前等待某人的情境。因為我想要畫出夕陽西下之前那種細膩光線的美感，所以不是選擇早晨或中午，而是接近傍晚的時段。另外，我在這個階段原本是想描繪女孩出門旅行後踏上歸途的畫面，但隨後又因為構圖與姿勢的因素，漸漸改成正在等人的狀況。

大致的構思已經決定，接著要進入準備參考資料的階段。這次我除了用圖片搜尋引擎和社群網站來蒐集太陽下山前不久的照片之外，也有親自出門拍攝。背景的街道有參考 Google 街景，比較各式各樣的地點，大致掌握自己想呈現的感覺。

最好的方法是親自前往現場取材，但如果是國外等不方便前往的地方，Google 街景就是十分方便的工具。當街景的大致印象已經確定之後，接下來就要蒐集實際存在的大樓等參考圖片，建構車站前的街景與光線的氛圍等細節。

CLIP STUDIO PAINT的設定

作品的構思有了具體的印象後，現在要進入數位繪圖的階段。這次使用的是 CLIP STUDIO PAINT，但不論使用什麼軟體，繪製流程基本上都是相同的。

尺寸

使用 CLIP STUDIO PAINT 建立新的畫布。開啟 CLIP STUDIO PAINT，點選左上角的 [檔案] → [新建]，打開建立新畫布的視窗。這次我採用 A4 的長寬比例，將尺寸設定為寬度 4093px，高度 2893px。

4093×2893px 的畫布尺寸對點陣圖來說，解析度偏高，但我習慣先用高解析度的畫布來打草稿，然後再調降解析度，描繪成點陣圖。

圖C-1 畫布設定

TIPS

這次的範例是靜態插畫,但以CLIP STUDIO PAINT格式繪製點陣圖動畫並預覽的時候,如果設定在高於72dpi的數值,就會產生細節變模糊的現象。因此,平常描繪點陣圖的時候,我通常會將[解析度]設定為72dpi。不過,dpi是相對解析度,而這次的作品並不會印刷出來,所以這個數值不會影響到最終的成品。

捷徑鍵

這裡將介紹我經常使用的幾個捷徑鍵。

左右反轉

繪圖時最常使用到的功能就是[左右反轉],點選「檢視」→[旋轉・反轉]→[左右反轉]就可以使用。

這個功能並不會真的反轉畫布上的物件或圖層,只會左右反轉外觀。因此它對CPU的負擔很少,即使要不斷重複描繪與反轉的確認作業也可以順暢地執行。

我經常使用這個功能,所以會設定在[3]鍵,以便隨時進行切換。

圖C-2 設定[左右反轉]的捷徑鍵

選擇圖層

第二常用的功能是[選擇圖層]。這個功能可以從工具列的[物件]進行使用,但每次都要切換工具也很費事,所以我會使用修飾鍵功能。這也是類似捷徑的功能,但只有按著鍵的時候會切換,可以省掉麻煩的操作。

我將[Alt]+[Space]鍵設為選擇圖層的功能。如此一來,只要按著這些鍵再點擊畫布,就能選擇該處所屬的圖層。

圖C-3 設定[選擇圖層]的修飾鍵

吸管

另一個常用的修飾鍵是〔吸管〕。

將游標移動到畫布上的任一處，點擊右鍵就能吸取該處的顏色。這個功能也有設定為修飾鍵，所以只有點擊右鍵時會切換成吸管。這個功能可以省掉切換工具的麻煩，也不必特地從面板尋找顏色，十分方便。

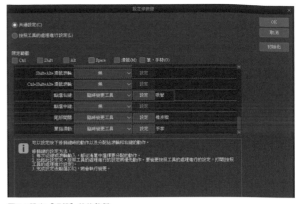

圖C-4 設定〔吸管〕的修飾鍵

草稿

建立畫布後要開始實際繪製草稿，而根據主題的不同，我有時候也會在畫圖之前用文字將重要的元素寫在畫布上。如果作品是自己不擅長的主題，或是包含許多情報，我會盡量留下詳細的筆記供以後查閱，這樣才能整理出完整的構圖。

不過這次的主題不在於設定（角色背後的故事或世界觀等），而是描繪美麗的色彩與光線，以及黃昏之前的細膩空氣感，所以不需要筆記。

構圖的草稿

首先畫出整體構圖的草稿。這次我將角色擺在正中央，採取對稱式構圖，地則是從車站前的天橋望出去的街景。我將近處的景物描繪得較暗，凸顯角色與周圍景物的輪廓，以光線照亮深處的遠景。清晰的輪廓可以區分近景與遠景，使題材更鮮明，避免畫面變成雜亂的構圖。

為了表現接近傍晚時，夕陽開始帶有紅色調之前的淡淡寂寞感，我決定使角色的周圍籠罩在陰影之中。這麼一來，角色就會略帶陰暗的氛圍，能夠表現出不過於開朗的寂寞感。

此外，我也將一點透視法的消失點設定在角色的位置，使觀看者的視線容易集中在這裡。這幅作品將近景畫得富有立體感，將遠景的大樓畫成稍偏霧面的質感，藉此襯托角色。而且一點透視法的其中一

個優點是，適合用點陣圖表現的水平線與垂直線會變多，比二點透視法或三點透視法更容易描繪。

視平線也幾乎位於畫面中央，所以整個畫面是相當穩定的靜態構圖。正如前面所述，這麼做也是為了表現時間靜靜流逝的寂寞氛圍。我平時就經常像這樣，根據內容的不同來更改視平線的高度。舉例來說，如果想強調寬敞的空間或是某種東西的巨大感，我會將視平線設定得偏低，營造出仰望的構圖；想呈現的題材位於地面，或是想強調高度或飄浮感的情況下，我會選擇視平線較高的俯視構圖。

而且正如前面所述，我原本的構想是女孩在外旅行，正要踏上歸途的一幕，所以在這幅草稿中，角色的身旁放著成品中沒有的行李箱。可是在左右對稱的構圖中，行李箱位於畫面的其中一側就會造成視覺上的干擾，所以我之後將它省略。

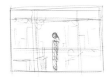

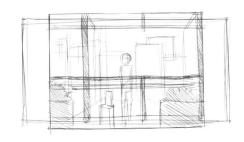

圖C-5 構圖的草稿

角色的草稿

既然構圖已經大致決定了，接著要畫出角色的詳細草稿。這個時候，我也會繼續蒐集角色相關的參考圖片。我描繪角色的時候，主要會用到兩種參考資料。一種是「擺出類似姿勢的真人照片」，另一種是「簡化角色的參考圖片」。

真人姿勢的照片是為了確認肢體比例。另一種圖片是為了參考角色的簡化程度，思考這幅畫裡的角色要簡化多少，而且要如何簡化什麼地方才能畫出有魅力的角色。點陣圖無法表現所有細節，所以我會參考其他圖片，決定角色的頭身比例與配色。

如果要在這個階段確實完成角色設計，我也會蒐集

許多設計的參考圖片。我會思考這幅作品的主題適合什麼樣的角色，並蒐集必要的資料，畫出角色的草稿，再刪除不必要的元素，逐步塑造出一個角色。這次我想畫的是打扮隨興的女孩，所以我讓她穿上連帽衫與球鞋，而且手上拿著手機，表現出正在等待某人的氣氛。

圖C-6 角色的描寫

背景的草稿

角色的草稿完成後，現在開始描繪背景的草稿。描繪有透視的作品時，CLIP STUDIO PAINT 的 [透視尺規] 是很方便的功能。從工具列點選 [建立尺規] → [透視尺規]。一開始決定好消失點後，畫面上就會自動產生視平線的輔助線，接下來要根據這些輔助線來繪製構圖。

圖C-7 透視尺規

近處的天橋也是根據真實建築物的構造來描繪（例如柵欄部分的構造）。這次的題材是車站前的天橋，雖然會在日常生活中頻繁見到相同場景的人只占一部分，但這類的公共建築大多是人們平常熟悉的景物，所以如果形狀不對，就有可能讓觀看者產生異樣感。所以描繪現實中存在的建築物時，我都一定會按照實際的造型來描繪。

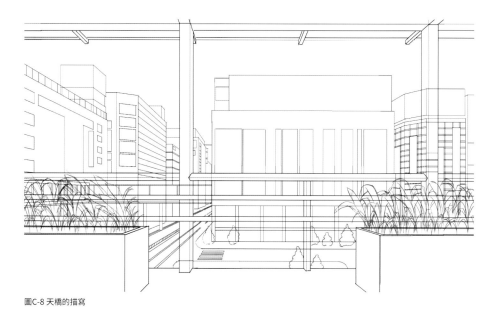

圖C-8 天橋的描寫

以構思階段蒐集到的資料為基礎，畫出遠景建築物的草稿。這次的作品中有天橋，所以我想像的是有一定規模的大城市。另外，我想在背景中加入招牌和大樓窗戶等方方正正的景物，營造出一點平面藝術的風格，所以我讓正面的建築物直接面對畫面，讓它能轉化成漂亮的點陣圖。

整體的草稿完成後，從 [編輯] → [變更圖像解析度] 來變更解析度。我將這次的作品設定為寬度350px，高度210px的點陣圖。我創作的點陣圖大多介於300px ～ 500px的寬度。理由是300px以下會很難描繪我想表現的細節，而500px以上又會使點陣圖特有的效果變得不明顯。

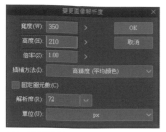

圖C-9 降低解析度

圖C-10 完成的草稿

POINT

開頭也有提到，我在剛開始的階段會以非點陣圖的高解析度來打草稿，等到整體草稿確定之後再畫成點陣圖。這麼做是因為以點陣圖來畫線稿的話，線條會太粗，導致無法掌握細部的造型。就像這裡所介紹的步驟，首先以高解析度來描繪線稿，然後再降低解析度，就能維持整體的平衡，使細節的簡化更加容易。

以灰色來進行配色

草稿完成後，接下來要以灰色來進行配色。我有時候也會在一開始就畫上大概的有彩色，然後慢慢調整色調，但這次的近景與遠景有一定的明度差，我也想要保留清晰的輪廓，所以暫時不使用有彩色，而是以無彩色來進行確認。

另外，不只是輪廓的確認，我也會在這個階段畫好一定程度的陰影。這麼一來，後期就能專心在色彩調整與細部描繪上，減輕作業的負擔。

近景的配色

我的習慣是先從地面開始描繪。盡量早點描繪物件的著地面，往後畫的物件就不會有種飄浮在半空中的異樣感，可以減少失誤的發生。

圖C-11 地面與花壇的配色

接著要描繪角色旁邊的草。植物等形狀複雜的有機物給人一種畫起來很費工的印象，但只要先畫出輪廓，再從較暗的地方依序描繪到最亮的受光處，畫起來就不會太過困難。一開始不要太拘泥於細部，先畫出大範圍的陰影，或許會比較簡單。

另外，描繪植物的輪廓時，我會將較大的草畫在深處，將較小的草畫在近處。不同的作品適合不同的植物，但這次我想畫茂密的細小植物，所以才選擇這種形狀。將較大的植物畫在近處的話，就會給人一種稀疏的感覺，所以配置景物的時也要考慮自己想表達的氛圍。

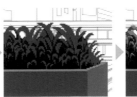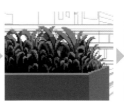

圖C-12 描繪草的陰影的流程

接著追加角色。光源位在右斜上方，但近景的天橋有屋頂，所以整體的色調偏暗。因此使用的顏色要盡量降低明度，將近景整體畫得偏暗，以近景與遠景的對比來凸顯角色與周圍景物的輪廓。而在描繪

明暗的時候，我會留意從畫面深處照向近處的些微光線。

圖C-13 近景的配色

遠景的配色

近景的配色完成後，接下來要替遠景配色。這個時候我稍微降低了近景的明度，加強近景與遠景的對比，使觀看者從遠處就能清楚分辨角色的輪廓。而且，天空如果是純白色就太亮了，所以我畫上了明度偏高的灰色。

我在配色的時候會優先考慮畫面中較大範圍的面，或是較顯眼的題材。之所以這麼做，是因為最後才畫天空等較大範圍的面，就會大幅改變印象，變得跟原本想像的成品不同。因此，這次我也提早將角色與天空放進畫面中。

圖C-14 遠景大樓的配色1

描繪周圍的大樓，繼續替遠景配色。我想凸顯近景的輪廓，所以為了保持遠景的明度，即使是陰影的部分也不會將明度降低太多。同時替招牌配色，只

要能看出大致的完成度就可以了。我希望觀看者的視線能停留在角色身上，所以將明度控制在不至於太過張揚的程度。

圖C-15 遠景大樓的配色2

這樣就完成灰階的配色。這個階段最重要的是確認整幅畫的陰影構成的氛圍。

畫面中的景物輪廓與陰影會大大影響這幅作品給人的印象。所以，最後要確認這次我想呈現的近景輪廓是否有足夠的對比，即使在遠觀的狀態下是否依然能清楚辨識。另外，如果大樓的無數招牌能在這個時候確定造型，後續也比較方便上色。

而在這個階段，我暫時不會描繪細節，只用不同的面來區分陰影。理由之一是為了確認整幅畫的大致印象，另外也是因為在這裡畫出太多細節的話，上色的步驟就會變得更辛苦。

上色 · 描繪細節

完成灰階的配色後，接下來要進入上色與細節描繪的階段。基本流程是以「上色」→「描繪細節」的步驟來處理每個區域。

替遠景上色並描繪細節

上色的要領是使用 [色域選擇] 來選擇同色的部分，並使用 [填充工具] 進行上色。點選 [選擇範圍]→[色域選擇] 就可以使用 [色域選擇]，但我將它的捷徑設定為 [v] 鍵。

使用色域選擇時必須注意的是，像點陣圖這樣具有清晰的邊緣，且需要細微色調差異的作品，有可能會選到不需要的部分，所以為了選擇完全相同的顏色，請將 [顏色的允許誤差] 項目設定為0。

圖C-16 色域選擇

另外，請在選擇範圍的 [工具屬性] 將 [消除鋸齒] 的項目設定為最左邊的「無」。這個設定會決定選擇範圍的界線有多強的抗鋸齒效果。如果設定成最左邊以外的選項，界線就會暈開，破壞點陣圖的效果。

圖C-17 關閉 [消除鋸齒]

完成工具的設定後，開始替遠景上色。首先從占據最大面積的天空開始上色。上色時通常不會立刻就達到理想的色調，所以要先畫上大概的顏色，然後再慢慢調整，提升完成度。

圖C-18 天空的上色1

一開始使用的顏色有點太過於鮮豔，所以我稍微將顏色調淡，接近春天或秋天的清澈天空。我設定的時段大約是16點～17點，也就是太陽下山的不久前。因此除了淡淡的天空藍，也在遠方的天空畫上了夕陽斜射造成的淡黃色。

圖C-19 天空的上色2

天空的氛圍已經大概確定了，現在開始替遠景的大樓上色。首先從面向光源的左側大樓開始描繪。

圖C-20 左側大樓的上色

接著確認參考圖片，描繪大樓的玻璃窗反射出對面大樓的模樣。請特別注意大樓倒影的色調。如果遠景的大樓小得無法描寫細部，以一片窗戶為單位來上色會比較清晰，也能巧妙表現出玻璃窗的質感。

圖C-21 左側大樓的細部描寫與玻璃窗的質感

開始替地面與正面的大樓上色。正面的大樓有許多招牌,色彩十分多樣,但描繪的重點是控制色調,以免太過張揚。具體來說,色彩數只要能展現一定程度的繽紛感即可,而且色調不可以太過鮮豔。色彩數太多就會破壞畫面,所以請試著摸索出適當的色彩數。

圖C-22 正面大樓的上色

正面大樓的所有招牌都完成大致的上色後,確認整體的平衡,然後開始描繪招牌的紋樣等細節。如果在上色完成之前就開始描繪細節,事後有可能還要再調整整體的色調,導致多花一番工夫,請特別注意。

圖C-23 正面大樓的細部描寫

與正面的大樓相同，右側的大樓也是先從上色開始。作為範本的大樓有著顯眼的藍色外牆，所以我將彩度控制在較低的程度，稍微壓抑了它的存在感。

圖C-24 右側大樓的上色

完成上色後，開始描繪細部。從右側大樓的斜角面就看得出來，描繪遠景的小窗戶時，我會用直線來描繪在透視上與地平線平行的線。這樣就能將窗戶描繪得條理分明，看起來更舒適。另外，只要整體

窗戶的排列有符合透視，透視感就不會打折，所以描繪遠方大樓的時候，我都會特別注意這一點。

圖C-25 右側大樓的細部描寫與窗戶的呈現

點選［圖層］→［新點陣圖層］，將新圖層的混合模式設為［相加（發光）］，調整左側大樓受光面的色調。

這個時段的天空雖然還是藍色，陽光的顏色卻帶著

一點紅色調，漸漸散發出黃昏的氣息。為了營造這樣的氛圍，我針對左側的所有大樓加上混合圖層，使每棟大樓都帶著大致決定的黃色調。

圖C-26 照射到左側大樓的傍晚前陽光

這個時候的左側大樓因為面向畫面的斜角，所以會反射強烈的陽光。因此，我將混合圖層的顏色調整到相當於天空最亮處的明度，並且也為了讓顏色更接近黃昏的氛圍，加上一點紅色調。

圖C-27 左側大樓的色調調整

替正面與右側的大樓追加亮面。正面大樓的右側轉角稍微有點弧度，所以描繪亮面時要意識到這一點。為招牌畫上亮面就能表現出厚度，所以我只在較大的招牌上描繪亮面，而不是所有的招牌都畫。雖然只有1px的粗細，但愈遠的景物愈小，1px所包含的資訊量也愈多，所以才會產生這樣的現象。

圖C-28 追加正面與右側大樓的亮面

替近景上色並描繪細節

大致完成遠景的上色後，現在開始描繪近景。
遠景使用的是比較低的彩度，所以近景要使用稍高的彩度，與遠景作出區隔。除此之外，我還會描繪遠景沒有的細節，為近處的景物製造看點。
完成草的上色後，也要描繪花壇的細節。我加上了經年累月的刮痕與汙漬。汙漬也有各式各樣的種類，但這裡的花壇並不會遭受風吹雨打，所以我使用比花壇稍淡的顏色，描繪得比較保守。

圖C-29 近景的細部描寫

在角色靠著的扶手處描繪玻璃。新增玻璃專用的圖層，將［混合模式］設為［色彩增值］，使用帶著藍色調的灰色來呈現玻璃的質感。

圖C-30 玻璃的描寫

另外再新增圖層，描繪倒映在玻璃上的景物。新增圖層後，將圖層的［混合模式］設為［相加（發光）］，開始描繪倒影。首先為了描繪地面的倒影，畫出與地磚相同的格子狀線條。請不要忘記，這些線條也必須確實符合透視。

因為近處的地面反射得最明顯，所以愈遠的地面則明度愈低，倒影的強度也更弱。

接著要替角色的肌膚上色。角色的肌膚是這幅畫中顏色最鮮明的地方，所以相當醒目。因此，描繪角色的時候，一開始要先畫上特徵明顯的顏色，作為接下來描繪細節的基準。

圖C-31 玻璃的倒影與角色的上色

在玻璃上追加花壇的倒影。為了表現得更有魅力，我將倒影畫得比實際的色調還要偏紅。這麼做可以讓玻璃的部分更鮮豔，使單調的玻璃反光變得更漂亮。

圖C-32 花壇倒影的上色

開始描繪角色的細節。人物是第一時間進入視野的主角，所以色調最鮮明。如果對比高於周圍的背景，就能凸顯角色，所以要維持陰影的平衡，同時調整彩度。這個時候的重點是上半身而非下半身，尤其要將臉部附近的明度稍微調高，加強對比。這麼做就能凸顯臉部周圍，使觀看者的視線更集中。

最後為了表垷手機螢幕發光的樣子，我使用強烈的螢光色來描繪。這個地方會成為畫面中的亮點。

圖C-33 手機發光的描寫

色彩調整

最後調整整個畫面的色調。平常我會調整的是［色調曲線］和［色彩平衡］等等。這次我從構思的階段就一直視為重點的近景輪廓變得不夠明顯，所以我使用色調曲線來調整對比，稍微降低近景的明度，使輪廓變得更加清晰可見。這樣就完成了。

圖C-34 使用色調曲線來降低近景的明度，調整對比

寫出

完成作品後要進行寫出，而如果是上傳到網頁，原本的解析度就會太小，所以首先要從［編輯］→［變更圖像解析度］來更改圖像的解析度。

這次我想擴大到三倍的尺寸，所以將［倍率］的數值更改為「3」。這個數值如果沒有設定成整數，就會使像素模糊，請特別注意。在更改解析度的同時，請將［插補方法］設定為［銳利的輪廓（最接近像素法）］。除此之外的設定會使邊緣在放大時暈開，破壞點陣圖的效果，所以與倍率一樣需要注意。

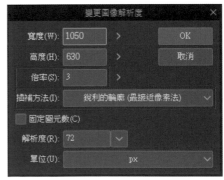

圖C-35 將點陣圖上傳到網路時須提高解析度

更改解析度後，開始寫出圖像。點選［檔案］→
［平面化影像並寫出］。選擇要保存的檔案格式
後，就會顯示寫出的設定畫面。為了避免點陣圖失

真，請將［輸出尺寸］設為100%。
最後按下［OK］按鈕就完成寫出了。

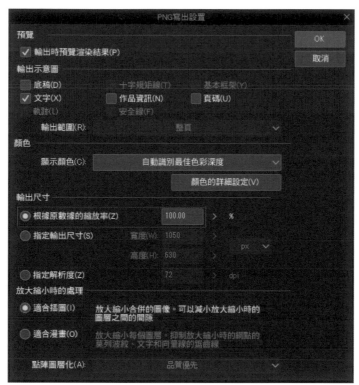

圖C-36 寫出

TITLE：店前

畫作

ULTIMATE PIXEL CREW

Title: 像素藝術背景畫法完全解析

"ULTIMATEPIXELCREW"

ULTIMATE PIXEL CREW REPORT

MOTOCROSS SAITO

SETAMO

APO+

MOTOCROSS SAITO

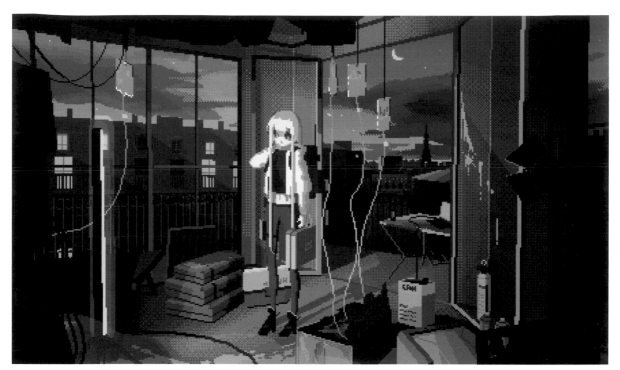

APO+

SETAMO

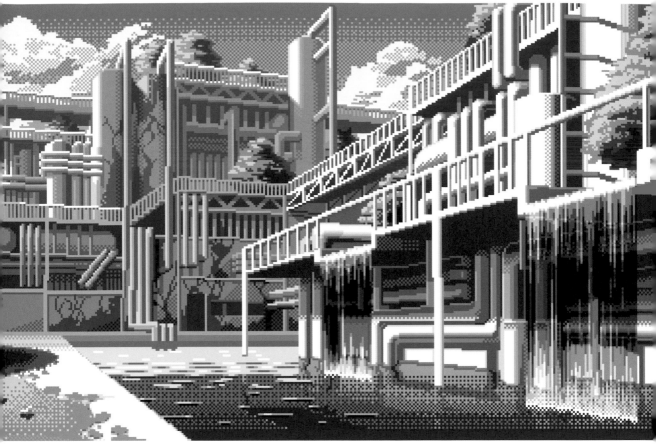

SETAMO

APO+

MOTOCROSS SAITO

MOTOCROSS SAITO

APO+

SETAMO

SETAMO

MOTOCROSS SAITO

ULTIMATE PIXEL CREW REPORT

INDEX | 索 引

11〜15劃

ULTIMATE PIXEL CREW REPORT: PIXEL ART DE HAJIMERU HAIKEI NO KAKIKATA
by APO+, Motocross Saito, Setamo
Copyright © 2021 APO+, Motocross Saito, Setamo
All rights reserved.
First published in Japan by Born Digital, Inc., Tokyo

This Traditional Chinese language edition is published by arrangement with Born Digital, Inc.,
Tokyo in care of Tuttle-Mori Agency, Inc., Tokyo.

ULTIMATE PIXEL CREW REPORT
配色×構圖×透視

像素藝術背景畫法完全解析

2021年11月1日初版第一刷發行
2022年10月1日初版第二刷發行

著　　　者	APO+、MOTOCROSS SAITO、SETAMO	
譯　　　者	王怡山	
編　　　輯	劉皓如、魏紫庭	
發　行　人	南部裕	
發　行　所	台灣東販股份有限公司	
	＜地址＞台北市南京東路4段130號2F-1	
	＜電話＞(02)2577-8878	
	＜傳真＞(02)2577-8896	
	＜網址＞http://www.tohan.com.tw	
郵　撥　帳　號	1405049-4	
法　律　顧　問	蕭雄淋律師	
總　經　銷	聯合發行股份有限公司	
	＜電話＞(02)2917-8022	

著作權所有，禁止翻印轉載。
購買本書者，如遇缺頁或裝訂錯誤，
請寄回更換（海外地區除外）。
Printed in Taiwan.

TOHAN

國家圖書館出版品預行編目資料

像素藝術背景畫法完全解析：ULTIMATE PIXEL CREW
REPORT 配色×構圖×透視/APO+, MOTOCROSS
SAITO, SETAMO 著；王怡山譯. -- 初版. -- 臺北市：
臺灣東販股份有限公司, 2021.11
202面；18.2×25.7公分
ISBN 978-626-304-944-4(平裝)

1.電腦繪圖 2.繪畫技法

956.2　　　　　　　　　　　　110016313